自己救
识全图解

MedPar

自己的肌肤自己救
最科学的保养知识全图解

MedPartner PROJECT

自己的肌肤
最科学的保养知识全图解

MedPartner PROJECT

MedPartner PROJECT

己的肌肤自己救
科学的保养知识全图解

自己的肌肤自己救
最科学的保养知识全图解

MedPa

自己的肌肤自己救
最科学的保养知识全图解

MedPartner PROJECT

己救
识全图解

MedPartner PROJECT

MedPartner PRO

自己的肌肤自己救
最科学的保养知识全图解

自己的肌肤自己救
最科学的保养知识全图解

MedPartner PROJECT

自己的肌肤自己救
最科学的保养知识全图解

的肌肤自己救
学的保养知识全图解

MedPartner PROJECT

MedPar

自己的肌肤自己救
最科学的保养知识全图解

自己的肌肤自己救
最科学的保养知识全图解

MedPartner PROJECT

自己的肌肤自己
最科学的保养知识全图

自己的肌肤自己救
最科学的保养知识全图解

MedPartner PROJECT

自己的肌肤自己救
最科学的保养知识全图解

自己的肌肤自己救
最科学的保养知识全图解

ROJECT

MedPartner PROJECT

自己的肌
最科学的保

肌肤自己救

自己的肌肤自己救

最科学的保养知识全图解

MedPartner PROJECT

肤自己救
养知识全图解

MedPartn

MedPartner P

自己的肌肤自己救
最科学的保养知识全图解

MedPartner P

自己的肌肤自己救
最科学的保养知识全图解

MedPartner PROJECT

MedPartner PROJECT

MedPartner PROJECT

自己的肌肤自己救
最科学的保养知识全图解

自己的肌肤自己救
最科学的保养知识全图解

Med

自己的肌肤自己救
最科学的保养知识全图解

MedPartner PROJECT

肤自己救
养知识全图解

MedPartner PROJECT

MedPartner P

自己的肌肤自己救
最科学的保养知识全图解

自己的肌肤自己救
最科学的保养知识全图解

自己的肌肤自己救
最科学的保养知识全图解

MedPartner PROJECT

自己的肌肤自己救
最科学的保养知识全图解

MedPartner PROJECT

Med

自己的肌肤自己救
最科学的保养知识全图解

自己的肌肤自己救
最科学的保养知识全图解

CT

自己的肌肤自
最科学的保养知识

MedPartner PROJECT

自己的肌肤自己救
最科学的保养知识全图解

MedPartner PROJECT

自己的肌肤自己救
最科学的保养知识全图解

自己的肌肤自己救
最科学的保养知识全图解

er PROJECT

MedPartner PROJECT

自己
最科

肤自己救

MedPartner PROJECT

自己的肌肤自己救

最科学的保养知识全图解

MedPartner 美的好朋友 医疗团队 著

河南科学技术出版社
·郑州·

目　录

Chapter4 防晒篇

Chapter5 美白篇

Chapter6 后记

推荐序

邱品齐 / 皮肤科医师 / 幸福美肌学院社群版主 / 邱品齐美之道皮肤科诊所院长

肌肤保养是十分专门的学问，也是充满科学的领域，我很高兴可以看到有更多医师同好为了传递正确的知识而努力。市面上各种肌肤相关广告使人眼花缭乱，保养观念却众说纷纭，化妆保养品又不断推陈出新，真的让民众无所适从。面对这种状况，我们需要的是重新认识自己的肌肤，重新了解保养的意义，以及重新明白化妆保养品的本质。《自己的肌肤自己救》系列作品结合了多个跨领域专家的努力，以活泼生动的图文介绍肌肤保养的正确观念，教导大家养成理性保养的重要性，实在是值得一读的好书！

邱泰源 / 台湾医师公会联合会理事长 / 台湾地区民意代表

宣导正确的医疗、保养、保健相关知识，是我辈医师的重要职责。当民众拥有正确的资讯时，才可能做出正确的行为，活得更年轻、美丽、健康。本书以深入浅出的文字，从基础的皮肤生理解剖学讲起，并细心解说化妆品、保养品常见的成分与作用，带领民众重新认识每天使用的产品。医师出身的主编更以实证医学的精神，传递正确的知识，并破解常见的迷思。更特别的是，本书作者群集合了医师、药师、营养师、化妆品配方师和博士后研究员，故能以非常全面的观点来说明各种知识，为一般同类型书所不及。期盼这本书的出版，能导正社会上诸多不正确的观念，让民众拥有更健康、更美好的生活！

林志青 / 5047’s Cosmetic Blog 版主

“保养是科学，不是仪式！”说得真好，一眼就可以知道这本书的写作宗旨是破除谣言迷思及打击商业行销谎言。现今是资讯爆炸的时代，也是资讯非常紊乱的时代，真假难辨。有很多人刻意散布假消息，也有不少人为了做生意而胡说八道，让许多不知情的无辜消费者蒙受其害，大花冤枉钱。

这几年化妆品相关行业非常热门，非常多的品牌接力上市，铺天盖地的广告宣传，谁都搞不懂什么资讯才是正确的！这是因为化妆品本身就涵盖了非常复杂的科学技术，包含了皮肤医学、物理化学、工艺技术及艺术美学的结合，彼此之间环环相扣，缺一不可，但相对也让人无法轻易掌握其正确内涵。对此，你首先要搞清楚非常重要的一点——并不是所有书本里的、网络上的内容都是正确的。

但是这本书例外，它是由许多专业人士共同编辑而成，内容严谨考究，用语平易近人，图像生动活泼，非常适合对化妆品相关话题有兴趣的朋友来阅读。它可以帮助你重新认识、理解化妆品，甚至可以让你变成生活圈中的化妆品小专家。

同时，本书更适合推荐给许多从事化妆品相关行业的朋友，它可以帮助你更快速了解相关原理，进而转化为行销利器，根本就是另类的行销宝典。

MedPartner PROJECT

CHAPTER1

清洁篇

你真的会洗脸吗？
从正确的洗脸方法谈起

洗脸！这么简单的事情也要人教？没错，真的需要人教，千万不要觉得洗脸很简单啊！基础清洁没做好，除了粉刺跟青春痘，许多皮肤毛病也可能找上门。

保养是科学，不是仪式。本书针对每个步骤都会告诉你“为什么”要这么做。你看完这篇，可能就会发现自己有很多步骤搞错了噢！“清洁”是整个保养程序的第一步，这个过程没做好，后续保养都白费工。所以请你有耐心一点，跟着我们一起把这个关键知识搞清楚吧！

洗脸前必须懂的生理机制

先看下页的皮肤切面图。

许多人以为皮肤只是一层组织，但薄薄的一层皮肤其实是由多种组织共同组成，肩负了多样功能，它也是一种器官：对内而言，皮肤负责锁住体内的水分不要散失到体外；对外而言，皮肤则隔绝了外界的脏污进入人体，降低受伤害的风险。搞懂皮肤的结构，才能知道洗脸在洗什么喔！

角化细胞与角质层：基底层的角化细胞需要十四天来转化成角质细胞，构成角质层，然后再花另外十四天来自然脱落。角质层是皮肤最薄的一层，但它是皮肤最重要的基础屏障。

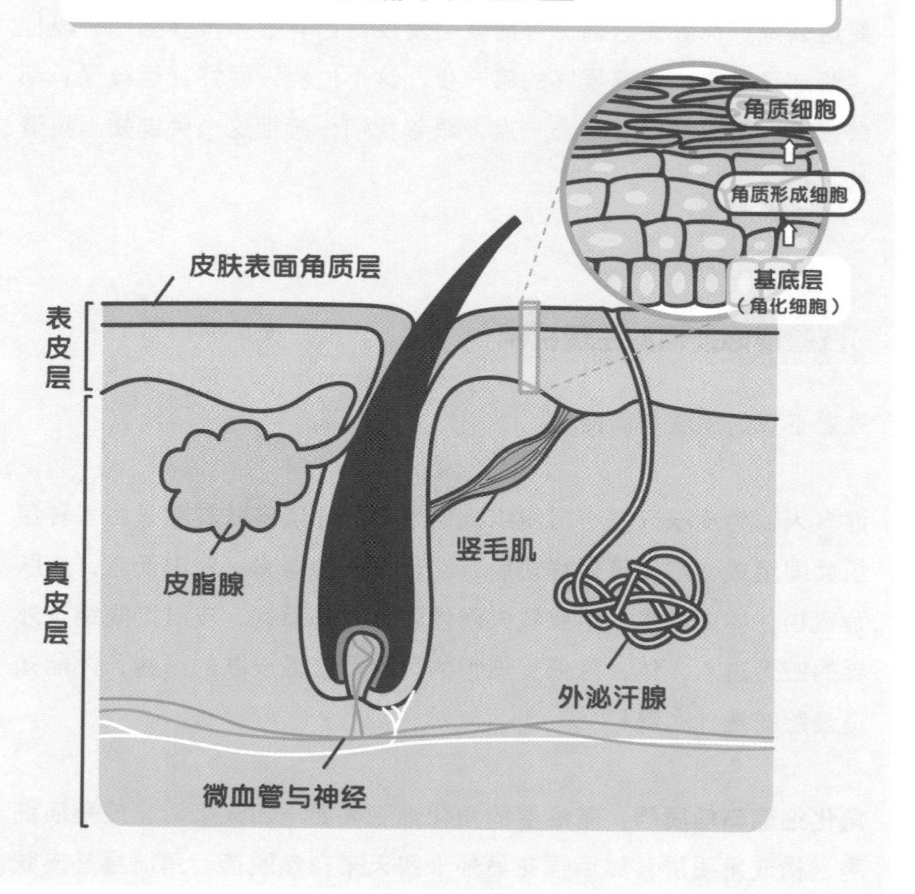
皮肤切面图
角质细胞
角质形成细胞
基底层
（角化细胞）
皮肤表面角质层
表皮层
真皮层
皮脂腺
竖毛肌
外泌汗腺
微血管与神经

皮脂腺与皮脂：皮脂腺会分泌出皮脂，可以润滑毛发，在皮肤表面形成一层薄薄的保护层。

汗腺与汗水：汗腺会分泌汗液在皮肤上，主要作用是帮助散热，并排出少量的代谢废物（例如尿素）。皮脂、汗液以及一些代谢物质，就形成皮肤表面呈弱酸性的保护薄膜。这层薄膜的pH值大约介于4.5~5.5之间，可以保护皮肤避免被某些微生物攻击。

当水温较低的时候，毛孔会收缩，会影响皮肤的清洁洗净，过低的水温对皮肤也是一种刺激。而当水温较高的时候，油脂会被过度洗净（就像用热水洗碗更易去除油污的道理一样），随之降低皮肤的保湿能力，跟皮脂、保湿不足有关的问题（例如毛孔角化）就会恶化。热水也会导致微血管扩张，所以酒糟、敏感性皮肤等跟微血管异常扩张有关的疾病患者，如果误用太热的水洗脸，应该都有病情恶化的惨痛经验。另外，高温容易刺激皮脂分泌，对此应该不用太多解释，大家都有经验——在夏天，皮肤的出油量比冬天多，对吧？皮脂被热水过度清洁，又因温度高导致过度分泌，就容易产生粉刺、青春痘等状况。

看到这里，你应该可以理解，如果只有热水跟冷水两种选择，应该要倾向选冷水来洗脸，热水导致的问题实在有点多。但如果可以控制水温，最好是用比体温低一些，大约25～35℃的微冷水来洗脸比较好喔！

用冷水还是热水洗脸比较好？

过冷
体温
过热

毛孔倾向收缩

污垢较难洗净

对皮肤是一种刺激

比体温稍低的微冷水（25~35℃）最适合！

油脂被过度洗净

降低皮肤保湿能力
跟皮脂、保湿不足有关的问题（例如：毛孔角化）会恶化

导致微血管扩张

跟微血管异常扩张有关的疾病（例如：酒糟、敏感性皮肤）会恶化

刺激皮脂分泌

皮脂被热水过度清洁，又因温度高过度分泌，容易产生粉刺、青春痘等相关状况

正确洗脸的步骤

如果你上了妆，或使用具有防水功能的防晒产品，洗脸前就可能需要卸妆。要判断是否需要卸妆，你可以在洗脸后，用干化妆棉擦拭脸部，检查有没有残留的粉体或油污，如果用一般洗面乳都洗不掉，就务必要卸妆。卸妆后可以用微冷水或温水协助冲掉残留的产品，再借由温和的清洁产品以及微凉的水洗去表皮的脏污，此时已经自然代谢即将脱落的老旧角质，也会随着洗脸过程轻柔的按摩而洗去。

洗脸宜选用温和、适合自己肤质的清洁产品。**洗脸的次数其实一天不宜超过两次，通常早晚洗脸就可以。**脸部皮脂分泌不多的人，晚上使用一次清洁产品就够，早上则用清水洗即可。皮脂分泌较多的人，顶多中午左右再清洁一次。**如果皮脂分泌真的很旺盛，你应该做的事是“调整皮脂的分泌”，而不是连续而过度清洁喔！**一天接连用清洁剂洗四五次以上，皮肤可是受不了的，建议可先从调整生活作息规律、不要熬夜、吃清淡食物做起，如果还是没改善，请进一步参考后文“人生须知！毛孔粗大与粉刺的成因及处置完全攻略”。

脸部不同部位皮脂分泌量不同，脏污的程度也不同。原则上，越油、越脏的部位要越早洗，才可以确保脏污、过油的地方被洗干净，而干燥、不油的地方不会被过度清洁。

你一定注意过清洁用品包装上的使用说明常常标示“按照一般清洁方法”，说跟没说一样，谁也搞不清究竟什么是标准的洗脸步骤，所以本书特别提供专业医师建议的标准洗脸步骤：

1. 先彻底洗手，注意别漏掉指甲的缝隙喔！
2. 用双手捧水，轻轻以25～35℃的微冷水完整地润湿脸部。冬天怕冷，就改用微温的水。实际上你我都不太可能真的去测量水温，所以只要不会使肌肤感到特别冰凉或热烫的水温就行。
3. 取适量清洁产品置于掌心，一边慢慢加水一边慢慢搓揉，让它产生细小的泡沫。
4. 先将泡沫抹在容易出油的区域（多数人是T字部位），再缓缓涂抹到全脸。
5. 用指腹在脸上画圈轻柔按摩，由上而下、由内而外。比较油、比较脏的部位就多按摩几下，但不必过于用力。时间不要超过两分钟。
6. 用微冷水冲洗脸部，并照镜子检查容易残留泡沫的部位（例如鼻子跟脸颊交界、眼窝、发际）是否洗净。
7. 以干净的毛巾轻轻按压，将脸部的水分吸干。

每天正确完成脸部的清洁，是肌肤保养最重要、也最基础的一步喔！除了预防许多因为清洁不足造成的问题外，也能避免清洁过度产生的肌肤不适，否则不管后面进行再多保养，如果保养前残留了一堆脏污在脸上，保养效果都不会好。

医师建议的洗脸步骤

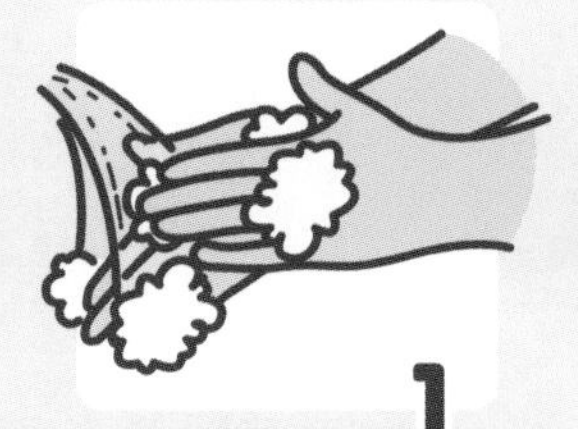

1

彻底洗净双手

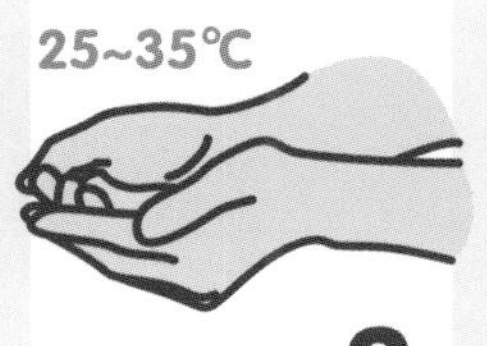

2

以微凉水
完整湿润脸部

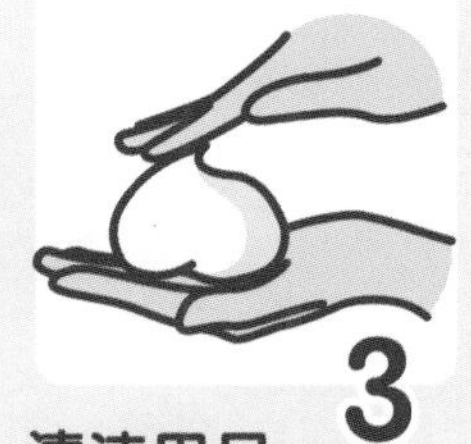

3

清洁用品
加水搓揉出泡沫

4

先将泡沫
抹在易出油部位

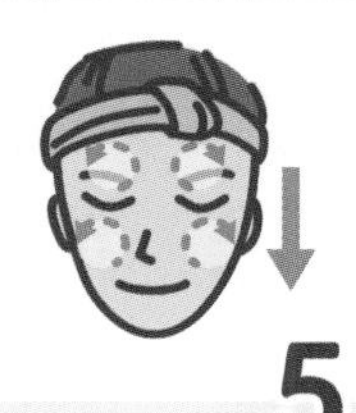

5

以指腹轻柔地
由上而下画圈按摩

6

以微凉水冲洗
注意易残留泡沫的部位

7

以干净毛巾
轻轻按压将水分吸干

从今天起，请让洗脸不再只是仪式而已，好好理解书中所说的这些知识，知道这些步骤背后的道理，要先“洗心”，才能真的“革面”啊！（握拳）

1. 用比体温低一些，大约25～35℃的微冷水来洗脸比较好。
2. 正确洗脸的三步骤：冲去残留的卸妆产品→清除表皮脏污→促进老化角质代谢。
3. 洗脸的次数一天不宜超过两次。

洗面乳不是贵就好，先搞懂成分才知道什么适合自己

市面上有超多产品广告会跟你强调说：本产品不含○○××，本产品pH值△△……，仿佛选用他们的产品才是你人生唯一正确的真理道路。其实这只是他们钱包满满的真理道路，未必是你的！

先讲结论，“哪一款洗面乳比较好”这个问题“没有”标准答案。每种产品各自有其优缺点，每个人的肤质也不同，所以不能说某产品就一定好坏坏，另一产品就一定好棒棒。要搞懂产品，首先要搞懂成分。接着我们就一起来好好检视下列类型产品到底含有什么样的成分，以及可能产生的好处与坏处吧！

从前一篇，你应该知道正确洗脸有以下好处：

1. 适度移除皮脂，避免皮脂堆积形成粉刺。
2. 适度移除老化角质，避免毛囊开口角质过度增生产生粉刺。
3. 移除各类脏污等，避免毛囊发炎或感染。

因此也就可以理解所有洗脸产品的目标都是：

1. 清除表面脏污。
2. 清除老旧角质。

关键就是这两点，不同产品只是通过本身不同的性质去达到目的。根据敬老尊贤的原则，本书先分析最早的产品：洗面皂。

洗面皂的成分以及优缺点

早在公元前，人类就发现碱性物质具有清洁油污的效果。一般认为人类最早可能是使用“草木灰”这类含有碳酸钾的弱碱性物质来清洁，其过程已不可考，可能就是原始人在某天用完火后，发现剩下的灰烬拿来搓一搓可以去除油脂吧。（如果哪天你被困在无人岛上，别忘记把那些营火烧出来的灰烬拿来使用看看，虽然看起来黑黑灰灰的，但是效果还不错，我们真心推荐！仅限无人岛上喔。）

人类的文明很快就发展到肥皂阶段，“很快”的意思可能是又过了上万年。有人发现把油混在碱里面所产生的物质好像有不错的清洁效果，这就是肥皂的前身。

插播一则笑话：有一天胖胖的小明上理化课的时候，不小心把强碱滴到自己脂肪上，他很紧张，赶快跑去找老师，问老师要怎么办。老师只幽幽说了一句：“接下来就要看你的‘皂化’了。”

啊，不是啦，我们要说的是：皮肤不小心接触到了强碱，请务必赶紧使用大量的清水冲洗并去医院。上一段只是打嘴炮想强化一下你的印象。

“皂化反应”就是：“油脂”与“强碱”（通常是氢氧化钠）混合加热，产生“脂肪酸钠”（固态的肥皂）与“丙三醇”（液态的甘油）的过程。

由于一般肥皂是“偏碱性”，有较强的洗净力，你的**肌肤比较偏油性才适合使用**。如果是偏中性、干性或敏感性肌肤，用了肥皂清洁可能就会使皮肤变得太干啰！

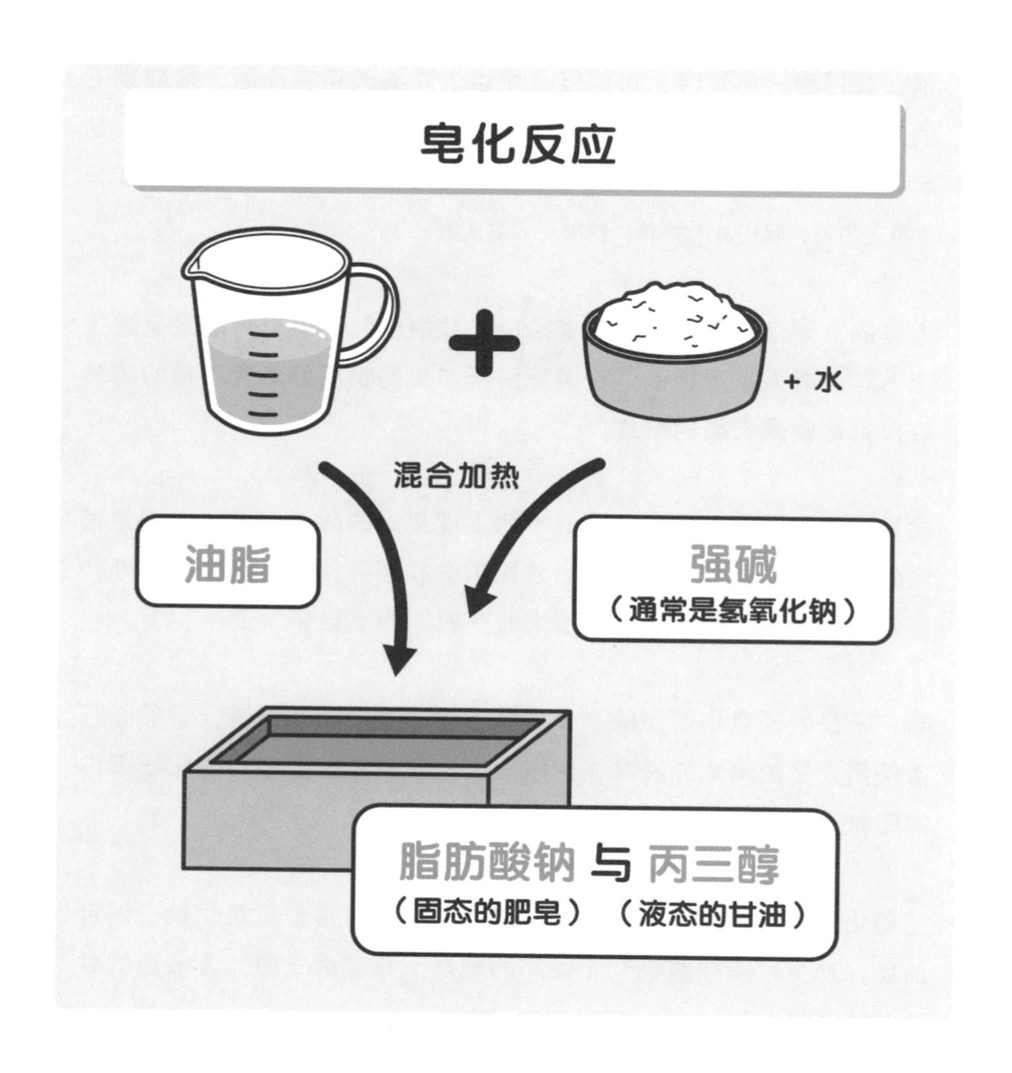

洗面乳 / 洗面凝胶的成分以及优缺点

到了这里，你已经明白洗面皂有时可能会有清洁力过强的缺点，而且还要搭配水才能用，毕竟有点不方便，因此洗面乳、洗面凝胶或慕斯等产品也就被陆续发明出来。

洗面乳就是添加了乳霜类成分的清洁产品，通常不易产生泡沫，但比较温和。洗面凝胶以及慕斯则通常比较容易起泡。

如何才会具有起泡功能以及更好的清洁效果，基本上要看产品中添加了哪些界面活性剂。单一种产品中有时会添加不止一种清洁剂。每种界面活性剂的“清洁力”“酸碱度”“刺激性”“起泡力”都不同，混合起来的结果就是这款洗脸产品的特质。

你千万不要听到是“人工”的清洁剂就觉得害怕，其实使用好的界面活性剂，搭配适合的酸碱度与配方，可以达到很不错的清洁效果，**所谓高贵油脂做的“手工皂”并不一定比一般清洁剂好喔！**

但这里有个关键重点：如果没有实际检测，你根本无法从名称是“乳”“凝胶”“慕斯”“皂”就知道这个产品的清洁力、酸碱度、起泡力等。只能简单说，洗面凝胶通常起泡力比洗面乳强，或洗面皂通常比较偏碱性。市面上实在太多洗面乳添加了皂类成分在里面，没看全成分你也不知道啊——甚至，你看了全成分也不一定能知道使用起来一定有什么效果。

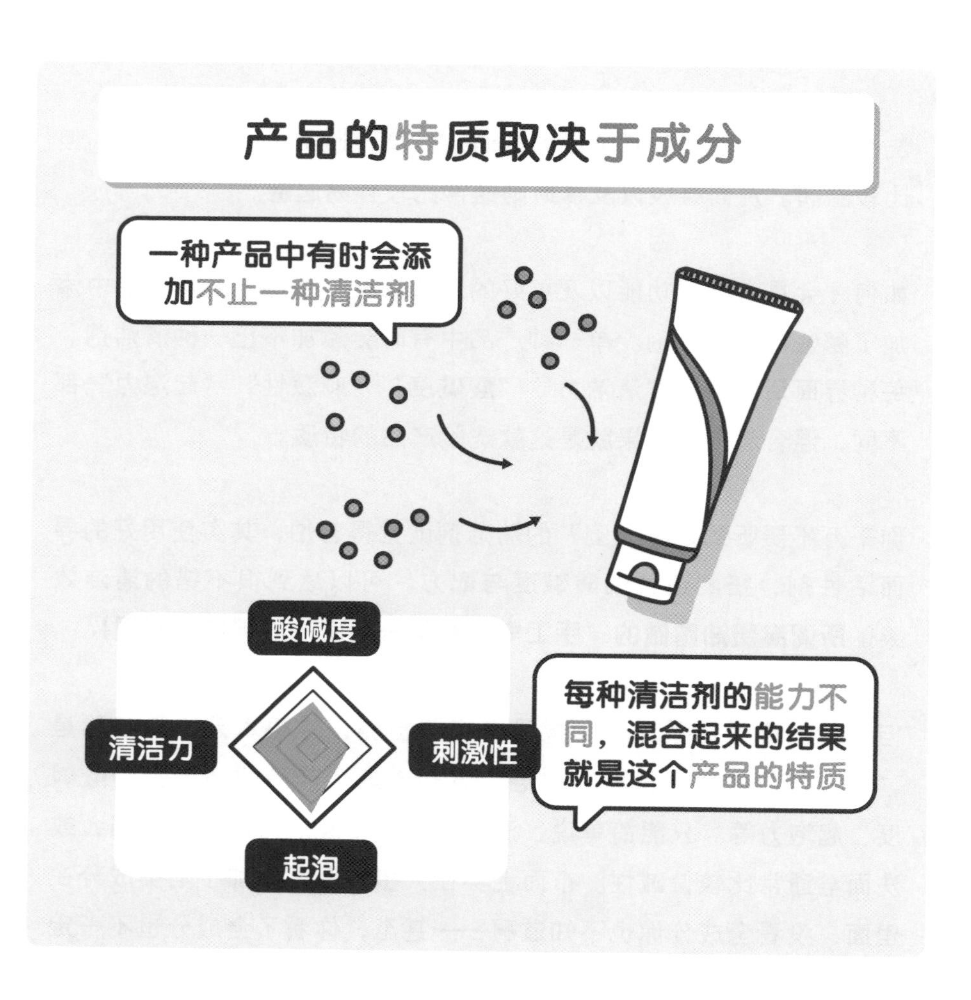
产品的特质取决于成分
一种产品中有时会添加不止一种清洁剂
酸碱度
清洁力
刺激性
起泡
每种清洁剂的能力不同，混合起来的结果就是这个产品的特质

一次洗脸，全部搞定，不好吗？

“洗脸”，真的太简单、太普通了，普通到大家听了大概就是“喔”一声，引不起什么注意。所以脑筋动很快的商人就会想在原本单纯的产品上搞些花招，这些就是你在市面上看到的“抗痘”洗面乳、“去角质”洗面乳、“美白”洗面乳，或者是“保湿”洗面乳，甚至还听说过“回春”洗面乳咧！

若是洗面乳中添加了可能有上述功效的成分，说产品有某些功能其实没有不行。但大家要思考的是，**那些成分即使有效，也要有“足够的作用时间”“正确的作用位置”，才会产生效果啊！**

举美白洗面乳为例，你要知道皮肤从角质一直到基底层都有不同的角色（请参见后文美白单元），把美白成分添加进洗面乳，使用两分钟（指洗脸所需时间），仅接触在表皮上，你就想让美白活性成分真的发挥作用，这可能性大吗？顶多就是一些作用在角质层上的物理性或者化学性去角质成分，把老旧角质带走，让皮肤看起来变得比较光滑白净罢了！再说抗痘洗面乳，就算洗面乳中真有抗菌或者是抑菌成分，短短洗脸过程的作用时间也太短了。如果真的要抗痘，使用外用药膏，甚至口服药物，不是比较直接吗？

讲到这里，你一定很想知道洗脸产品到底要怎么挑呢？我们帮你把选购原则总结整理了一下，列在这里：

1. 皮肤偏中性、干性或敏感性肌肤的人，原则上避免使用皂类产品。（这里还需要进一步说明，这是因为皂类产品差异很大，光是甘油有没有拿掉、用什么油脂制成、是否有超脂处理，都会影响配方温和度。所以也并非中性或偏干就“一定”不能用皂类产品，何况现在很多长得像肥皂的产品根本没有含皂。）
2. 洗面乳不一定就不含皂，也不一定真的就是中性或偏酸性，要经过检验才知道。洗面乳通常比较不容易起泡，至于是否温和，还是要看成分才算数。
3. 洗面凝胶／慕斯通常不含皂，清洁力跟起泡力则要看产品的组成成分而定。但仍有含皂的可能性，要看全成分才知道。
4. 如果你看不懂成分在写什么，最简单的挑选原则就是：洗完脸后感觉“清洁但不紧绷、不干涩”，这样就对了，注意要避免清洁过度。
5. 如果洗完脸出现泛红、脱屑等情形，可能就是“过度去角质”或肌肤对它太敏感，请避开使用这项产品。

市面上洗脸产品真的是百百款，其实东西简单就好，合用就好。每个人的肤况不同，适合的产品也都不一样，所以不必特别追求高价的洗脸产品，把握“清洁但不紧绷、不干涩”的原则，挑选成分尽量单纯、刺激性低的产品就够啰！

1. 一般肥皂偏碱性，洗净力较强，适合偏油性肌肤使用。
2. 偏中性、干性或敏感性肌肤的人，避免使用皂类产品。
3. 洗完脸后感觉洁净，不紧绷、不干涩，才是正确的清洁效果哦！

比双手更好用？洗脸机／净肤仪功效分析

想买洗脸机之前，先来复习为什么要洗脸

你记不记得自己还是个小婴儿的时候是怎么洗脸的？不记得是正常的，我们也不记得，得回去问老妈。其实帮小婴儿洗脸，基本上就用温水跟毛巾轻轻擦拭就好了，对吧？你妈当年给你用超强效去角质控油洁肤粉刺克星抗痘洗面乳吗？当然没有嘛！婴儿的皮脂腺分泌很少，正常的爸妈也不会在婴儿脸上抹一堆东西，所以当然只要温水加上毛巾就可以搞定了。

但是光阴似箭，岁月如梭，当年肌肤吹弹可破的小婴儿，终究进入了青春期，这时候皮脂腺分泌旺盛，再加上开始涂抹各种保养品、化妆品，毛孔就被塞住，逐渐形成粉刺、甚至是感染变成青春痘，出现各种皮肤状况。

复习一下先前提过的洗脸要达到的目的是：

1. 去除脸部的脏污、化妆品、防晒乳等外来物。
2. 洗去过度分泌的皮脂。
3. 移除“即将自然代谢”的角质。

要移除脏污、化妆品、防晒乳等外来物，就不是清水可以处理的。下一单元的“卸妆篇”，会提到“极性”跟“非极性”的概念，你就知道为什么水这样的极性物质不容易处理油脂、化妆品类的非极性物质。

皮脂分泌多、化了妆或擦防晒乳的读者，一天使用洗面乳这类洁肤产品一到两次，基本上是可以的。当然有些天生丽质、皮脂分泌不旺盛、也不化妆的朋友，还是可以跟小婴儿洗脸一样，每天温水加毛巾就搞定，因此洁肤产品并非“必须使用”，使用情形要看自己的肤况决定!

总之，要达到基本的清洁，只要温水加上双手，另外再选用适合肤质的洁肤产品就够了。

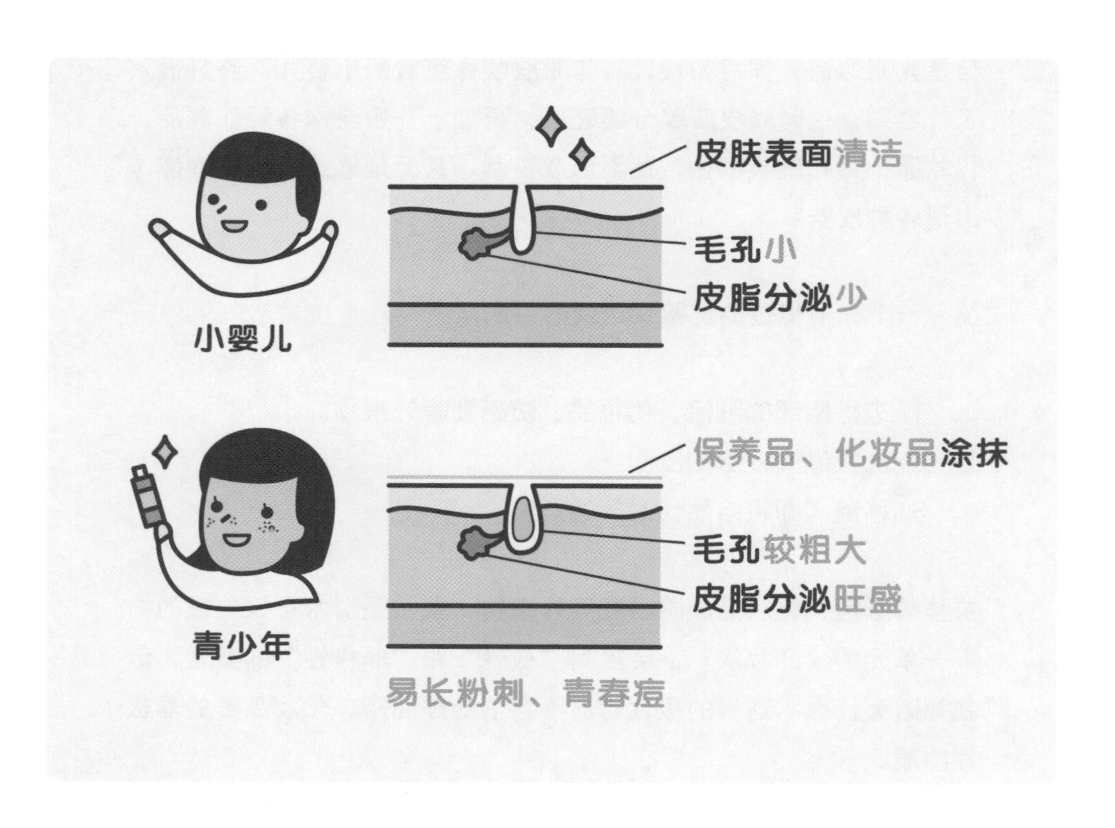

洗脸机如何起作用？有比双手更好的功效吗？

既然双手就够用，为什么还会发明出“洗脸机”这种东西呢？其实人类本来就一直觉得双手不够有清洁效果，在洗脸机之前，有菜瓜布、海绵这类辅助清洁的工具，而肥皂也同样无法满足所有人，因此从绿豆粉这类天然物质到磨砂膏甚至是柔珠成分，在人类的洗脸史上不断出现，现在出现了洗脸机也是很合理的啊！

洗脸机基本上是利用各种“刷头”，加上机器本身的“震荡”或“旋转”功能来达到清洁效果。目前多数厂商使用的刷头都是“合成纤维”，每家厂商都会强调自己的刷头设计跟别人有多么不同，例如“适合油性肌肤”等。

其实根据不同的脸部性质以及区域，设计出不同的毛刷是有可能的。道理跟牙刷差不多，细毛、粗毛、抗菌、硬度，都有办法调整。此外，洗脸机的清洁速度跟效果，确实比双手好。试想，你空手去洗脸盆，跟拿着高速震荡的刷子去洗，两相比较当然是后者效果好。

但是，讨论洗脸机最重要的就是这个“但是”！你的脸不是脸盆啊同学！**洗脸最重要的不只是“清洁”，更重要的其实还有“安全”。**过度清洁或过度去角质，都可能带来悲惨的后果。（除非你真的非得上很浓的妆，脸上真的超脏很难徒手卸除，这种情况我们并不反对使用洗脸机。）

洗脸机实测成果分享

口说无凭，本团队实际测试过多种洗脸机，得到了以下结论：

- 震荡比旋转安全：震荡型机器对皮肤表面造成伤害的机会比旋转型要来得低。
- 接触脸部时间一定要短：洗脸机通常会有建议使用时间，千万不要超过这个时间。一旦皮肤出现红、肿、热、痛、痒、脱皮等症状时，务必停止使用洗脸机。
- 刷头需要定期更换：磨损的毛刷会降低安全性，长菌的刷头也会造成不良影响。
- 不要与洗脸机并用磨砂去角质产品：多管齐下很可能过度伤害角质层，反而造成肌肤受伤。

结论是洗脸机不是不能买，但要考虑价格跟功效，并注意上述的安全使用原则。

我们要再次提醒，多数人并不真的需要使用洗脸机——除非你真的有着超浓妆需要靠机器来帮助卸妆。

你问我答

Q1：网络上很多人说用过洗脸机之后，粉刺变少。请问洗脸机可以去粉刺吗?

A1：洗脸机是通过刷头跟脸部接触，能接触的深度跟你的双手差不多。它确实可以洗掉“表浅”或“露出头”的粉刺，让你觉得皮肤表面摸起来比较光滑，但对于真正深入毛囊内的粉刺，洗脸机仍然无计可施。（正确处理粉刺的相关知识，请接着往下一篇看。）打个比方让你更容易理解，在毛孔内的粉刺，就像长在萝卜坑里的萝卜，想要把萝卜完全拔出，只用在土表运行的推土机一定做不到。

Q2：洗脸要洗到什么程度才够?

A2：洗脸的目的是要把脏污跟过多的皮脂、老化的角质去除，但“需保留正常足量的皮脂与角质”，所以最好的状况是洗完脸后感觉“清爽”，但是不“紧绷”。如果脸部有紧绷感，就表示已经过度清洁皮脂了喔！这时候应考虑更换洁肤产品或缩短洗脸时间，摸索找到自己最佳的洗脸方式。

Q3：如果真的徒手清洁不够干净、真的需要洗脸机，该买什么牌子好?

A3：请记住“震荡式”“刷头不要过硬”“大厂牌”这几个原则。前两个是因为安全性比较高，选大厂牌则是因为一旦出问题比较有机会找得到人负责！（本团队目前为止的经验是，遇到状况时厂商都会推说是个人使用问题，然后请你拿健保卡去找医师负责等。所以，只要使用后皮肤出现不适，请务必暂停使用洗脸机，找医师好好评估再说！）

1. 洁肤产品并非必需品，使用情形要看自己的肤况而定。
2. 使用洗脸机要特别注意避免过度清洁或过度去角质。
3. 选购洗脸机要遵守“震荡式”“刷头不要过硬”“大厂牌”的原则。

人生须知！
毛孔粗大与粉刺的成因及处置完全攻略

粉刺是绝大多数人都会面临的问题，没有处理好粉刺，还有可能发展成令人更崩溃的青春痘，但市面上对于粉刺以及与粉刺形影不离的毛孔问题的解方，缺乏坚持考证与医学专业的知识，而且都有商业置入的影子。很多人甚至会把粉瘤跟粉刺搞混，殊不知两者其实是不一样的东西。所以本篇文章从最基础的组织生理讲起，让你一次搞懂毛孔粗大与粉刺的成因及处置方法。

先说个题外话。自从“美的好朋友”提供线上一对一咨询之后，陆续收集到非常多的问题，很多人一上来就问：“医生，我痘痘肌，我买O罐跟X罐好不好？”我们要感谢大家对医生的信任与肯定，但内心独白一定要讲：“你就是完全都不去了解真正的保养知识才会被骗钱！”把知识丢在旁边不管，只看业配跟广告，当然钱都进了不肖商人的口袋啊！其实只要有足够的基础知识，广告业配你一眼就可以抓出来了。

回归正题。毛孔粗大的问题是非常非常多人的困扰，它最常出现在脸部的T字形部位（如右图），天生就是视觉上的焦点，想要不注意它都很难。所以毛孔粗大一直是大家亟欲解决的问题，几乎每天都有人来讯询问有关毛孔的相关疑难杂症。以下就针对大家最关心的问题一次讲清楚。

不简单的毛孔

上一篇曾问你是否记得婴儿时如何洗脸，这一次要问你是否记得自己出生时的样子。应该不记得吧？不过就算不记得自己刚出生时的样子，总该看过刚出生的小婴儿吧？大多数小婴儿脸上除了一些细细的胎毛，看不到什么瑕疵，你应该没看过哪一个婴儿刚出生就毛孔粗大的吧？毛孔变大几乎都是后天的变化。你记得自己是什么时候脱离“天使面孔”进入“毛孔人”的悲惨人生吗？几乎所有人都是从青春期开始，也就是坏坏的皮脂腺开始分泌的年纪。

所以首先我们就要知道有关毛孔的基础知识。

再看一次皮肤的切面解剖示意图。毛孔就是毛发的出口，底下除了毛囊母细胞，还有表皮细胞。表皮细胞会分泌角质，在毛孔附近堆积成角质层。毛囊旁边还有皮脂腺，周围会有胶原蛋白跟弹性蛋白起支撑的作用，毛孔开口附近则会有皮肤的角质细胞。所以毛孔除了让毛发探出头来以外，另外也是油脂跟角质的分泌出口。

简单来说，皮肤上就是有很多洞，这些洞就是毛孔。底下有个东西会长毛，就是毛囊。毛囊旁边会流油的东西就是皮脂腺。毛囊内的表皮细胞会分泌角质出来。这些洞口需要一些防卫机制，所以分泌出来的这些油脂跟角质，就像是屋顶用木板跟一层蜡封住一样，目的就是在洞口附近形成保护机制。不然孤苦无依的小毛孔在烈日下或寒风中就失去保护了。

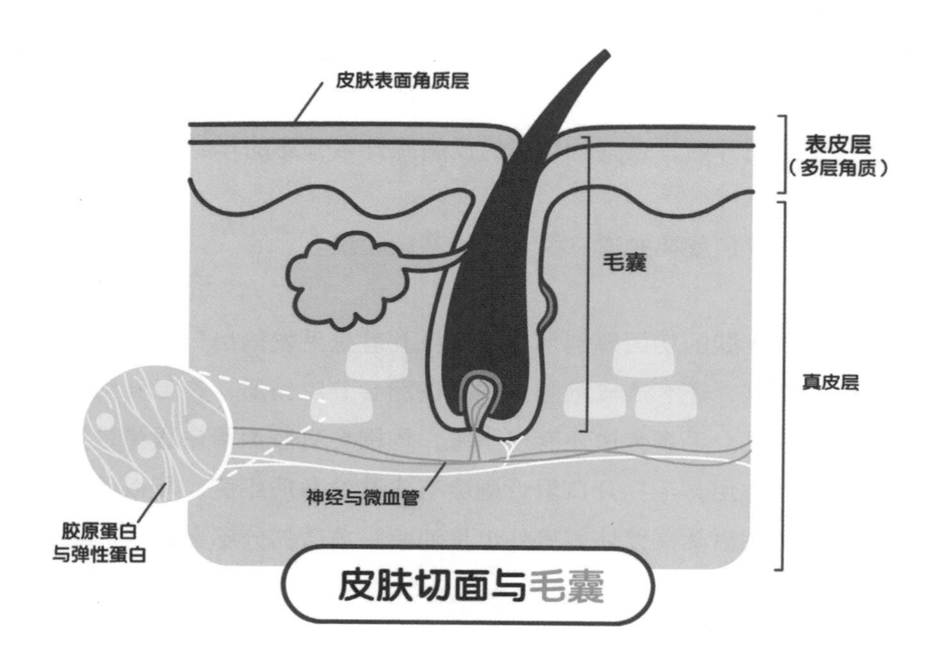
皮肤表面角质层
表皮层
（多层角质）
毛囊
真皮层
神经与微血管
胶原蛋白
与弹性蛋白
皮肤切面与毛囊

粉刺哪来的?

如果皮脂过多，加上毛囊开口处角质代谢不正常，这时塞住毛孔的皮脂、皮肤代谢物、角质及外来的脏污，就会共同形成“粉刺”。毛孔开口还没被角质盖住的，称为“开放性粉刺”；反之，毛孔已经被角质盖住的，就称为“闭锁性粉刺”。闭锁性粉刺又被称为“白头粉刺”，而开放性粉刺因为其中的皮脂、角质会跟外界接触而氧化，也容易粘附外界的脏污，导致露出的部分看起来黑黑的，所以又被称为“黑头粉刺”。而发炎的粉刺，就会造成丘疹或脓疱。

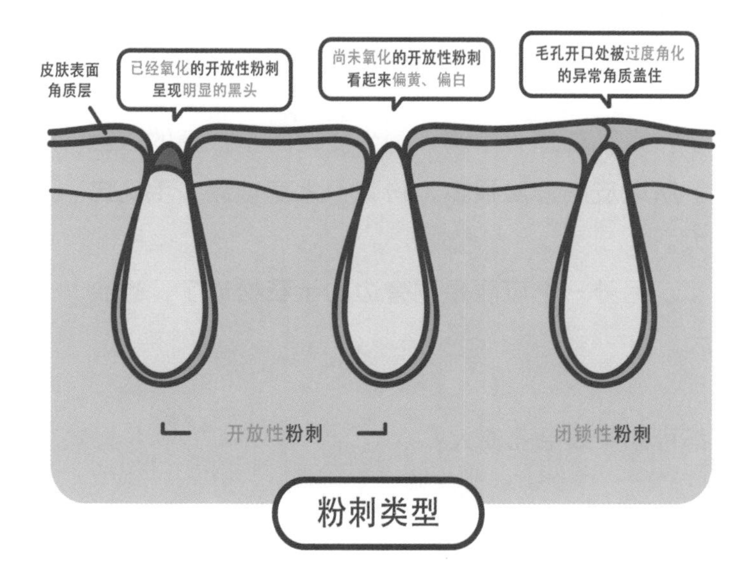

然而你恐怕更关心的是：我应该要清粉刺吗?

粉刺跟角质其实就是代谢产物，在正常状况下身体会自然清除它。如果累积起来，可以适度自行清除。原则如下：

1. 平时用温和的洗面乳或清水清除多余的油脂和脏污。
2. 有时可使用酸类物质去除角质，但敏感性肌肤的人则要谨慎使用。
3. 偶尔可去除粉刺，但频率不宜过高。

我的毛孔变大了?

毛孔变大是很多人在意的问题，你可有想过这是什么原因? 其实道理很简单。

1. 被撑大了：毛孔就是一个洞，洞会变大就是被塞的东西撑大了。所以皮脂分泌很多、粉刺很大塞很满，毛孔自然会变大。
2. 地基松了：另外一个可能是洞旁边的土石松动了，也会让洞变大。

下列这些原因都可能导致毛孔变大：

1. 油脂分泌过多：原因可能是体质、刺激性的饮食、压

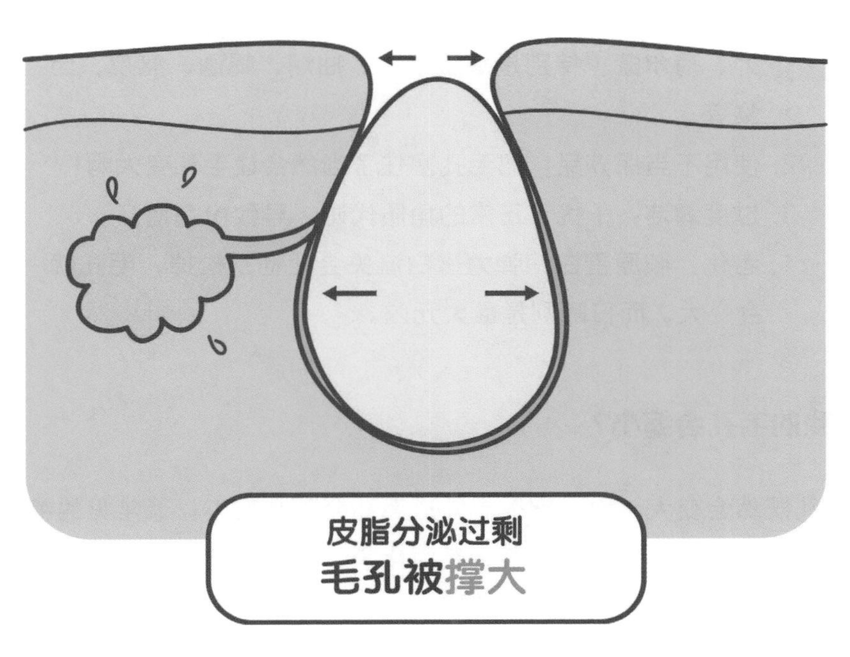
皮脂分泌过剩
毛孔被撑大

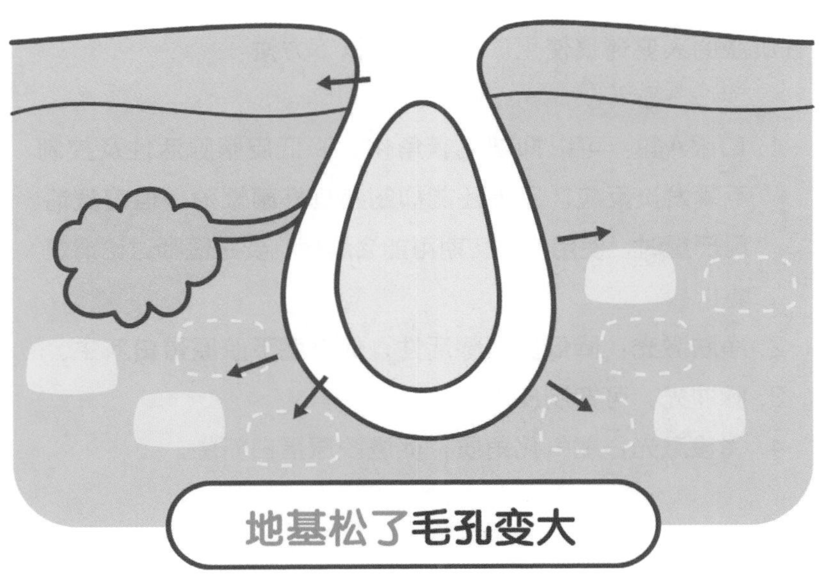
地基松了毛孔变大

力、荷尔蒙（特别是雄激素）、抽烟、喝酒、熬夜、药物等。

2. 使用不当保养品：把毛孔塞住了当然会让毛孔变大啊！
3. 过度清洁：干扰了正常的角质代谢，导致粉刺增多。
4. 老化：胶原蛋白跟弹力蛋白流失会让地基松掉，毛孔就会变大。而日晒则是最大元凶。

我的毛孔会缩小？

毛孔既然会变大，你一定很想知道毛孔会不会变小！最常见的缩小毛孔的方法是使用酸类物质，经由化学作用，让角质软化、增加代谢速度，促进真皮层的结缔组织增生，同时也能淡化黑色素。除掉上面覆盖的东西，也补强了旁边的地基，毛孔自然就缩小啦。但敏感性肌肤的人要谨慎使用。此外还有以下方法：

1. 口服A酸：可以抑制毛囊角化、降低皮脂腺活性及控制毛囊发炎反应。另外还能抑制痤疮杆菌繁殖。但痘痘情况严重时，使用A酸初期可能会爆痘，要跟医师讨论清楚喔！
2. 净肤激光：降低皮脂腺活性，促进底下胶原蛋白新生。
3. 脉冲光：可抑制皮脂腺活性。
4. 飞梭激光：能气化角质，促进胶原蛋白新生。

小贴士

要缩小毛孔，不是只有A酸可以使用，如果想尝试其他疗法，欢迎到我们网站上查阅相关文章，相信会让你选择治疗方法时更有方向。

你问我答

Q1：拔粉刺到底会不会导致毛孔粗大?

A1：过度拔粉刺当然会。刺激引起发炎反应，导致产生疤痕组织或者胶原蛋白、弹力蛋白流失，毛孔就会变大，而且若没注意清洁甚至可能引发感染，得不偿失。建议一至两周清洁一次粉刺就够了。如果已经出现发炎感染的状况，千万别手贱自己乱挤，还是找医师寻求帮助比较好。

Q2：使用化妆水能不能收敛毛孔?

A2：化妆水可能含一些酒精类成分，使用时会产生清凉感，毛孔就会暂时收缩。有些含有天然收敛成分（例如芦荟），会和毛孔附近的蛋白质作用让毛孔收缩。但这些都是暂时的收缩效果。不要忘记，毛孔要小，旁边地基要稳。

Q3：洗脸机到底有没有用?

A3：诚如前面所说，洗脸机不外乎是使用震荡、震动、旋转等方

式，配合刷头的摩擦来帮助去除肌肤表面的脏污或角质——但也只能处理到“表面”，所以一般人根本不需要洗脸机。正常清洁真的洗不干净吗？何况清洗力道如果过强，往往反而过度伤害皮肤，导致发炎过敏等反应。如果你已经买了洗脸机，一两个星期用一次帮忙去除一些粉刺、角质还行，实在不建议天天使用。至于过敏性皮肤，或者是皮肤较薄、正在感染中等状况，千万不要使用洗脸机。有些厂商会宣称他的洗脸机可以去除“脸上细纹”，你听他说说就算了。细纹分动态跟静态，动态是因为肌肉过度牵扯，静态则是因为底下胶原蛋白等流失。洗脸机有什么能力影响肌肉跟胶原蛋白？这么厉害可以增生胶原蛋白，医生都可以回家洗洗睡了啊！

最后要呼吁大家，如果你已经进展到“青春痘”且感染需要治疗的状况，务必和医师沟通清楚用药。许多朋友对类固醇有误解，其实正确使用类固醇对控制发炎感染有很大帮助。另外，如果你的粉刺异常大，而且容易反复发作，可能就要考虑是不是粉瘤。

基本上只要看懂这篇，理解最基本的皮肤构造跟功能，之后不管出现什么业配文，你应该就百毒不侵了！

1. 粉刺跟角质其实就是代谢产物，在正常状况下身体会自然清除。
2. 油脂分泌过多、使用不当保养品、过度清洁、老化等原因都可能导致毛孔变大。
3. 可偶尔去除粉刺，但频率不宜过高，建议一至两周清洁一次粉刺就够了。

MedPartner PROJECT

CHAPTER2

卸妆篇

想完全卸妆，先要认识角质层

自从人类发明化妆品以来，就开始了卸妆的历史。卸妆产品百百种，但基本上可以依属性分类，从比较“水”到比较“油”，依序分为：卸妆水、卸妆凝胶、卸妆慕斯、卸妆乳、卸妆霜、卸妆油（在这中间可能还会有一些其他东西，厂商实在太会变东西出来了）。

这些琳琅满目的产品，到底要怎么挑选？究竟卸妆油跟青春痘有什么爱恨情仇的纠葛？照规矩，一切要从基础来。所有的保养与保健，最基本的原则是要先求不伤身体，再讲求效果。至于到底有没有效果，则要禁得起理论检验和实验验证。

本书读者应该都有化妆的经验吧？如果没有，至少擦过防晒霜吧？你有没有想过，为什么这些要擦在脸上的东西都感觉油油的？这其实是有其道理的。

在这里只讲角质层。基本上你上妆或者卸妆，都是在这一层的表面进行。

角质层是皮肤的最外层，由十五至二十层已经“死亡”的角质细胞堆叠形成。底下的基底层会一直分裂出新的细胞，逐渐往上推移，上面死亡的角质细胞脱落后，底下的细胞就会推上来，再继续形成新的角质层，可以说是“长江后浪推前浪，前浪死在沙滩上”。

基本上可以把角质层视为皮肤最外层的防卫。这个概念很重要，试想为什么要有角质？它就是保护你皮肤的角头，不让外面的小混混

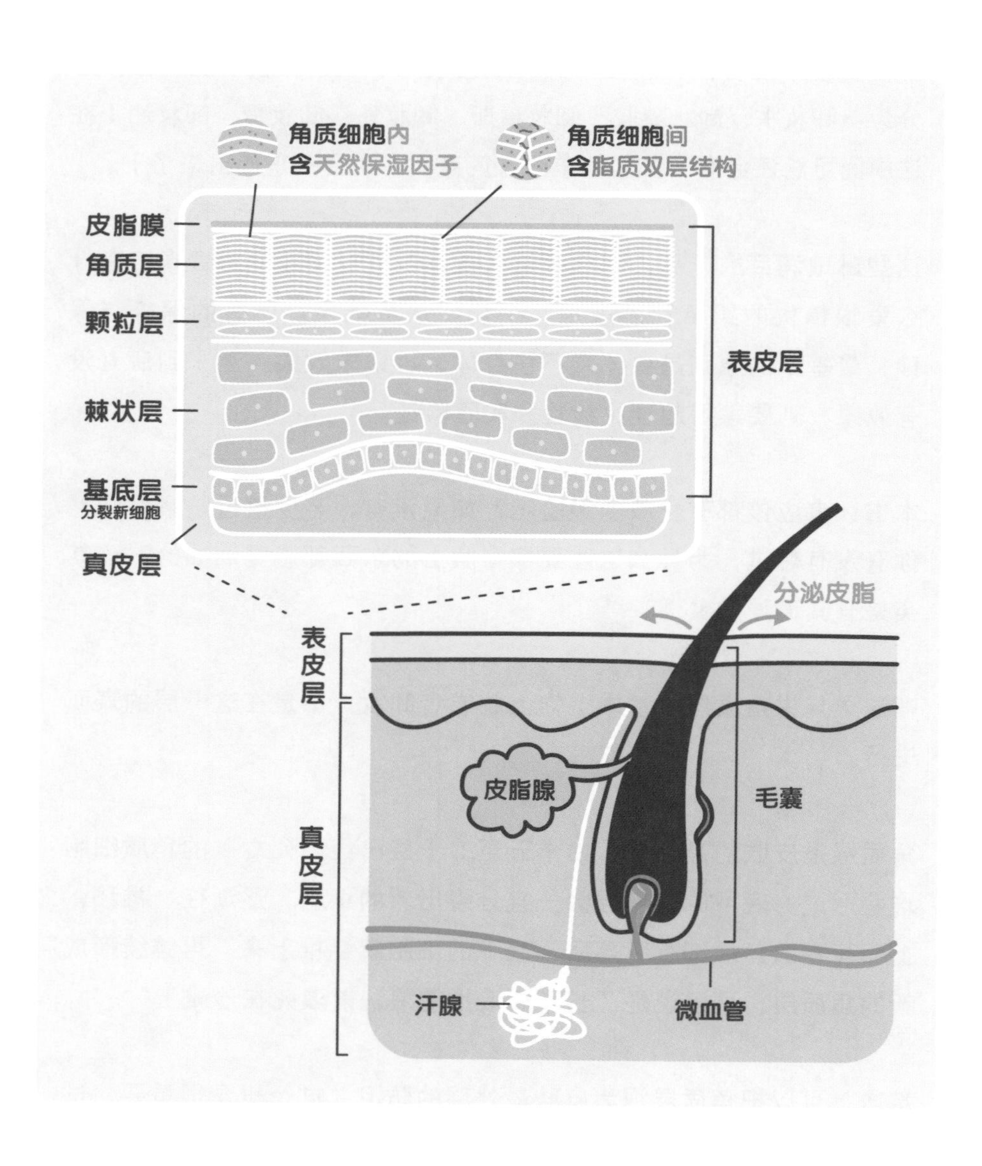
角质细胞内
含天然保湿因子
角质细胞间
含脂质双层结构
皮脂膜
角质层
颗粒层
棘状层
基底层
分裂新细胞
真皮层
表皮层
分泌皮脂
表皮层
皮脂腺
毛囊
真皮层
汗腺
微血管

进去。角质就是不希望表皮底下的身体部分跟外界的东西随随便便有什么交流。（你想想看要是今天脸沾到屎，屎就直接进入皮肤内，你可以接受吗？）

角质不光是硬汉，它也有颗柔软的心。在角质细胞内，含有一些天然保湿因子（我们知道你眼睛发亮了），具有吸水性，可以让皮肤免于过度干燥。在角质细胞间则含有脂质双层的结构，可以产生防水的作用。

这两种性质的巧妙结合，就是最天然的保湿结构。所以在人的表皮会有一层皮脂腺分泌的油脂，加上角质细胞之间的脂质双层，这些油脂就可以形成不错的保湿功效。

小贴士

天然的保湿因子有：乳酸、尿素、游离氨基酸、吡咯烷酮羧酸钠（即PCA－Na）等物质。
脂质双层的结构有：胆固醇、脂肪酸、神经酰胺等物质。

油水不互相溶——极性、非极性的概念

这个时候要呼唤你中学的理化老师了。

物质可以分成极性和非极性，水就是极性物质，油就是典型的非极性物质。“同性相溶”是物理法则（为什么同性相溶，请去问理化老师，我们就不抢他的工作了），所以油跟水基本上不会混在一起。如果极性、非极性的概念太复杂，接下来你可以试着把它代换成“水水”（极性）跟“油油”（非极性）的说法。

但要记住另外还有一个东西——“醇类”，酒精就是醇类。它基本上偏向极性，也就是跟水比较要好，但相对于水，它的“非极性程度”已经算强了，所以酒精才可以擦拭掉油污。

好，问题来了！你的皮肤表面油油的，如果想要在皮肤表面抹上一层化妆品，还要黏得上去，你觉得化妆品本身应该要是“油油”的还是“水水”的?

油油的东西当然要跟油油的东西才比较能结合啊！

所以化妆品多数都属于油性（或至少要有界面活性剂）。有些产品标示不一定写的是界面活性剂的字眼，可能是写“乳化剂”，但其作用一样，都是油跟水之间的中间人角色。

好啦，我们知道有人要问：什么是界面活性剂?

什么是界面活性剂？

又要叫你中学的理化老师出来了。（老师好忙！）

因为油跟水就是不相溶，但是我们又硬是想要它们在一起，怎么办？这个时候就需要中间人的角色，也就是“界面活性剂”。你可以把界面活性剂想象成双面人，他有两只手臂，一只手是油油的，一只手是水水的，洗碗精就是标准的界面活性剂，一只手抓住碗上的油，另外一只手抓着清洗用的水，接下来水跟油就混合在一起，呈现乳化的样子（请不要说它们不是白色的，这里只是形容油水混合），所以你就可以轻易把碗上的油冲洗掉了。

（好，突袭考试！！！）既然油跟水不能混合，而化妆品主要偏油，为什么可以用卸妆水洗掉它？卸妆水不是水吗？

（这题答对有加分！）因为卸妆水里面也有界面活性剂的成分，可以让它不用太过油就可以带走油油的化妆品了。

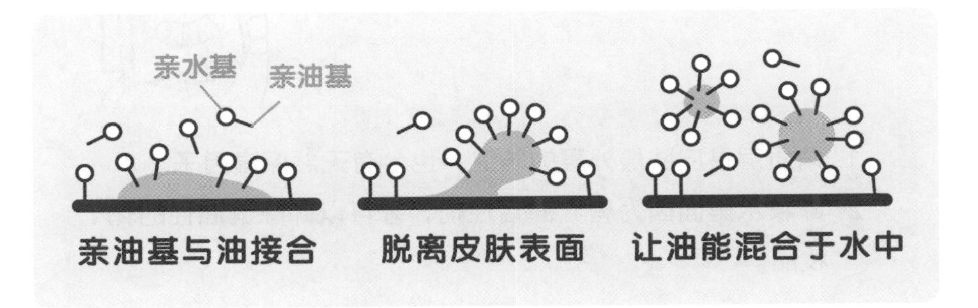

不要忘了！

1. 角质层是皮肤最外层的防卫，也含有天然保湿因子。
2. 卸妆水里面因为有界面活性剂，才可以卸除偏油性的化妆品。

为什么需要卸妆，
一直维持美丽妆容不好吗？

你觉得化妆品把毛孔盖住一整天都不清掉可以吗？更何况化妆品内常常含有许多附着用的粉剂加上油脂（不要忘了还有色素），想象脸上抹着一层混着猪油的红色面粉，在外面风吹日晒一整天，然后再睡一个晚上，会发生什么事情？

有人一定会进一步疑惑，若是擦了防晒用品也一定要卸妆吗？有些人认为清除防水力不是特别强的防晒用品，只要用洗面乳洗净就可以；但也有人认为使用防晒用品跟抹了化妆品没有两样，因此都需要卸妆。你可以做个小实验，尝试只洗脸，然后用干化妆棉擦拭脸部，看看有没有残留粉体或油污；如果有，表示该防晒用品用一般洗面乳洗不掉，就要卸妆。总之，除非你是使用防水力很强的防晒乳，否则不必用到卸妆油。至于清除身体部分的防晒产品，通常使用一般肥皂或沐浴乳就可以。

小贴士

什么时候需要卸妆？

1. 上浓妆的时候：浓妆色素多，色素通常需要大量油脂或界面活性剂才能附着。
2. 使用抗汗、抗水效果强的化妆品时：这些产品一样需要许多脂溶性物质辅助。
3. 使用防水效果显著的防晒产品时。

如何选择卸妆产品？

来，跟哥一起念这段饶舌（rap），包你一次搞懂如何选择卸妆产品：

YO～
淡妆就选水一点，
浓妆就用油一点。
干性肌肤让它油一点，
油性肌肤当然水一点。
混合肌肤就分区域卸妆。
敏感肌肤就要避免刺激物质，
避免使用含有酒精类、精油类、香料类的产品。

（YO～brother～谁跟你真的在rap啊，不要太认真啊！）

当然会有人问：如果我浓妆又油性肌肤怎么办？请谨记下述原则：把化妆品清干净最重要！所以你应该先用偏油的卸妆产品移除浓妆

后，再使用温和的洗面乳移除卸妆油的成分。洗面乳最好不要含有过多酸类或颗粒这类会过度去角质的成分，不然可能会伤害角质层，导致变成敏感性肌肤。

有人还会问：用完卸妆产品之后就没事了吗？其实还是要洗脸！你一定可以理解卸妆产品并不是脸上正常会有的东西，用了它，就等于是在脸上又抹了一层“异物”一样。所以在卸妆后，确保卸妆产品被清干净很重要。一般来说，含有界面活性剂的卸妆产品，都可被清水带走；若不太放心，可以再用温和一点的洗面乳或肥皂清洗一次。

但特别要注意的，就是卸妆油。**使用卸妆油后，会需要高一点温度的水才能洗去**，就像洗碗时用热水比冷水更容易把油洗掉一样。只是皮肤其实不太适合用太高温的水洗（请回头复习全书第一篇），建议水温最高不要超过40℃，或者是选用温和的界面活性剂（洗面乳或肥皂）来清洗掉脸上的卸妆油。不然这些油一旦盖住你的毛孔，马上就会长出粉刺跟痘痘喔！

小心过度去角质

除了油不油的问题以外，常常卸妆产品也会加入一些去角质的成分，不外乎是使用化学性的酸类去角质，或者是物理性的砂状物质（微粒）来磨去角质。

如同一开始讲的，健康的角质需要的是“平衡”。过度去除角质，过度去除正常脸上的皮脂，就容易形成敏感性肌肤！

所以在一连串保养过程中，请务必好好看清楚手上哪些产品有去角质的作用，至多一种就好。**如果每种产品都有去角质功效，你离角质受伤应该就不远了。**

但到底每一种成分各是代表什么意思、产品配方到底合不合理，对于一般民众来说，要理解这些事情其实是很困难的。对此，本团队的专家们和超过八千名网友正在进行“产品透明化运动”，如果你有兴趣的话，欢迎到脸书（Facebook）搜寻“美的好朋友共玩研发后勤中心”，一起加入我们的行列喔！

卸妆的顺序

在卸妆的相关问题中，最受关心的就是卸妆的顺序，但这问题偏偏没有标准答案——你千万不要被网络流传的方法或是商业术语给唬住了。本书在此按照学理跟经验，提供下述建议：

清除浓妆时，可以使用卸妆棉吸附偏油性的卸妆产品，然后先敷在妆最浓的地方，让它们彼此混合，大概需时一分钟左右。接下来用卸妆棉把大多数化妆品抹去，再使用温和的洗面乳，搭配温水，把卸妆产品以及残余的化妆品洗掉。

但要提醒大家的是，对于卸妆棉其实仍有些疑虑，有人就认为使用卸妆棉是过度的物理性摩擦刺激。所以我们还是建议各位朋友，没事就不要化浓妆，漂亮的肌肤就是最好的化妆品啊！

而**处理淡妆时，则是使用较不偏油的卸妆产品均匀涂抹在脸上之后，再用温水冲洗干净即可。如果觉得脸上还是有黏黏油油的感觉，再使用温和的洗面乳轻轻按摩洗净。**

最后一定要提醒：卸妆产品不适合停留在脸上过久，整个过程尽量不要超过三分钟！

如果真的不知道自己是什么肌肤，也还是搞不懂这些产品，怎么办？方法就是：**相信自己的皮肤，如果有问题它会告诉你！**只要使用后粉刺或痘痘增多，或感觉刺激性很强，代表你就是不适合这个产品，这是不变的大原则。

你可能正觉得奇怪，本书干吗讲这么多基础的物理化学？事实上，科学的知识和清晰的逻辑可以帮助你处理好很多事，这些有趣的知识不应该只存在于课本里，然后考完就忘，这些知识都是可以实际应用在我们生活的每个层面，只是你没发现而已。

看完本书之后，你可以尝试开始仔细看产品包装上标示什么化学物质，试着用在书中学到的知识去检验一下，你会发现，当一个聪明的消费者，其实也没有这么难啦！

小贴士

(人工)合成脂

这是什么？怎么文中好像都没讲到？不要惊慌。既然是卸妆油，首先就要有油啊！油从哪里来？目前常见的有植物油、矿物油，还有“(人工)合成脂”。因为纯的植物油跟矿物油成本较高，所以许多产品就添加(人工)合成脂，成本相对较低。在众多(人工)合成脂中，最“恶名昭彰”的是以下两位：十四酸异丙酯(Isopropyl myristate, IPM)与十六酸异丙酯(Isopropyl palmitate, IPP)。送个小小记忆法给大家：你可以联想两个法国人——喜欢打仗的法王路易十四跟被送上断头台的路易十六。这两种(人工)合成脂的刺激性较强，产生青春痘的风险比较高，容易长青春痘的朋友可考虑避开。

1. 上浓妆、使用抗汗或抗水效果强的化妆品、使用防水效果显著的防晒产品后，都需要卸妆。
2. 用完卸妆产品之后还是要洗脸！
3. 先用偏油的卸妆产品移除浓妆后，再使用温和的洗面乳搭配温水，把卸妆产品以及残余的化妆品洗掉。

不要掉以轻心，别忘了保湿、防晒的保养品还在脸上

从人类开始化妆起，卸妆就正式成为一项重大议题。为了追求美丽、好看，人类开始将粉体、油脂以及越来越多可以产生润色效果的成分抹在脸上。但抹上脸的这些成分，总不适合持续一直覆盖在表皮上，否则各种糟糕的皮肤状况（例如粉刺、青春痘、湿疹）都可能随之产生，也因此开始产生卸妆产品的应用。

但人类对于美丽是永远不会满足的，光有彩妆还不够，要是一流汗妆就花掉了，那可怎么办？所以聪明的人类就再把彩妆的成分加上防水的效果，有些产品甚至可以即使满头大汗，甚至下水都不会脱妆。相对地，为了因应更难用水洗净的彩妆成分，卸妆产品的清洁力也就必须变得更强。于是从卸妆水、卸妆凝胶、卸妆慕斯、卸妆乳、卸妆霜到卸妆油，各式各样的卸妆产品纷纷问世。

用彩妆，就必须要卸妆，而且越不容易脱妆的彩妆，就越需要更强效的卸妆产品，这一点大家应该都不难理解。但让人困扰的，其实是到底“哪些保养品需要卸妆”？

哪些保养品需要卸妆？

既然称“保养品”，其成分应该都是对皮肤有帮助、有“保养”效果的才对，怎么会需要卸妆呢？事实上，化妆品跟保养品的界线本来就不是楚河汉界那么分明，许多化妆品中也会添加保湿、防晒的成分，而保养品中当然也可能添加有彩妆性质的润色成分啰！

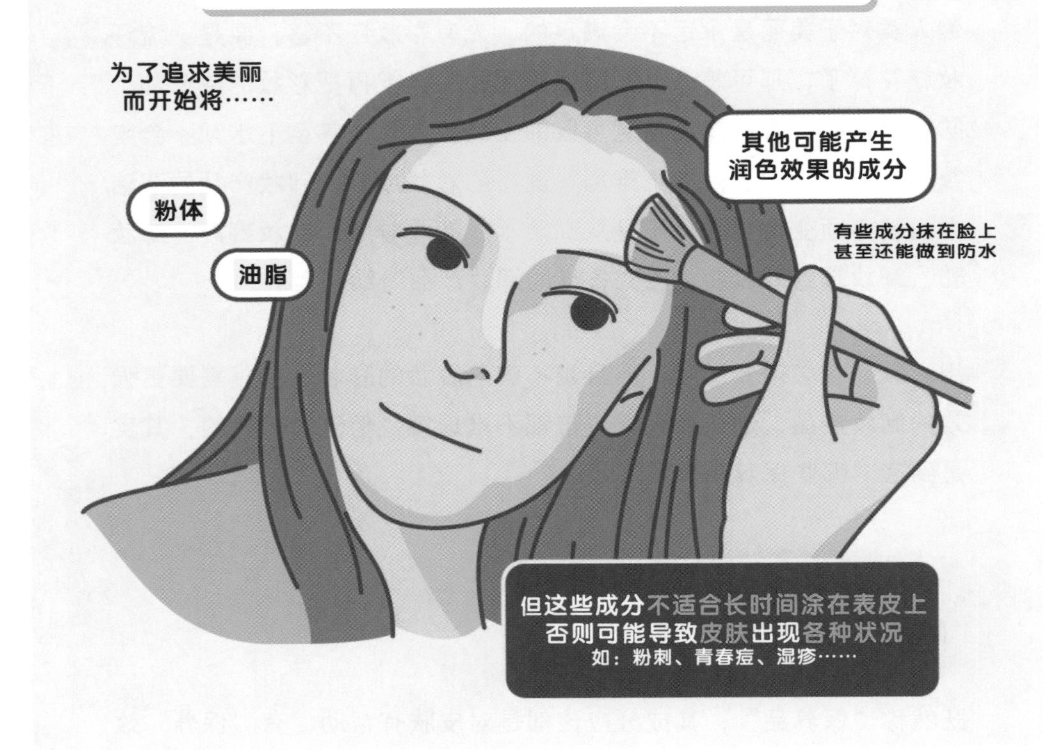
为什么要卸妆？
为了追求美丽
而开始将……
粉体
油脂
其他可能产生
润色效果的成分
有些成分抹在脸上
甚至还能做到防水
但这些成分不适合长时间涂在表皮上
否则可能导致皮肤出现各种状况
如：粉刺、青春痘、湿疹……

对于什么保养品需要卸妆，我们可以拆成两个层次来谈：

首先，你会好奇的是为什么保养品还需要清洁，答案很简单，只要保养品含有非保养成分（例如润色的粉体）就需要清洁，你实在没必要留着粉体在脸上。

接着你会问，清洁用品要选择洗面乳还是卸妆产品呢?

答案是：看产品防水或润色的效果而决定。

越防水、越润色的保养品就越需要卸妆！越防水的成分，就越不可能用一般的清水或是清洁力较弱的一般洗面产品洗掉；而润色效果好的成分，通常也会抗脱落，所以同样不容易直接洗净。

之前曾有厂商推出很荒谬的广告，意思大概是说他家的素颜霜超级润色、超级防水，使用者就算掉到游泳池里都不用怕被人发现素颜的样子。但同时又强调擦他家的素颜霜有保养功能，可以不用卸妆，很容易就能洗掉。稍微动一下脑子，你不觉得想兼顾这两者根本就不可能吗?

这等于说："我的矛超强，所有的东西都刺得穿。"然后又说："我的盾超猛，什么东西都刺不穿。"你们拿自己家的矛去刺自己家的盾看看会怎样啊!

市面上比较需要卸妆的保养品，常见的有防晒品、BB霜、素颜霜，或性质近似的产品。主要也是因为这些产品通常会有防水、润色的效果，这时候就需要用到卸妆产品。

如果你遇到一个功效似乎介于中间，不知道该怎么分辨的产品，怎么办？你可以先尝试用一般清洁用品，看看洗完后是否有黏腻感或异物残留的感觉，如果有就是得要卸妆。如果你觉得上述说的“感觉”太主观，就再进一步实验：先用一般洗脸产品以正常的洗脸程序清洁，洗完之后用化妆棉擦拭全脸，仔细看看化妆棉上有没有残留就知道啰！但要记得，请用一般的洗脸程序，不要为了洗净就特别用高温的水去洗脸，若是这样保证你会得不偿失啊！当然，如果化妆棉上还有残留，就表示你得使用卸妆产品了。

把握这个原则：防水强、润色强的产品就要卸妆！以后若犹豫用这玩意儿到底要不要卸妆时，就可以有大方向参考了。

空气污染严重时，没化妆也需要卸妆

在前面的文章中，我们从卸妆的原理来说明为什么要卸妆，想必立刻就会有人想问：“空气污染严重时，就算没有化妆也要卸妆吗？”为了解答这个问题，本团队决定亲身实验：成员之一骑着机车，掀起安全帽前罩，从台北西门骑到淡水再骑回来，费时近三小时，里程共三十四公里，在脸上累积了大量台北市的悬浮微粒，然

保养品与化妆品并非楚河汉界

化妆品中也可能添加

保湿、防晒成分

保养品中也可能添加

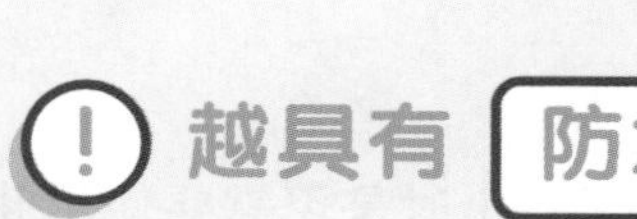

越具有 防水 润色 效果越需卸妆

通常市面上比较需要卸妆的产品主要有防晒品、BB霜、素颜霜，或性质类似的产品

建议依据产品成分与实测做判断
而非只参考产品名称或厂商说法！

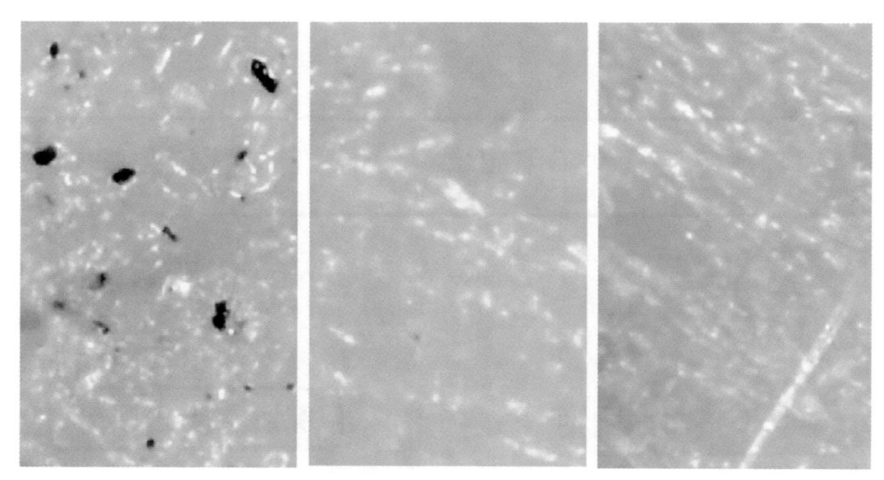

左侧照片为未清洁前的皮肤。
中间照片是使用洗面乳清洁后的皮肤，已经洗得挺干净了。
右侧照片则是使用卸妆水清洁后的皮肤，干净是干净，但可看出皮肤表面的皮脂变少，显得有点干。

后用皮肤镜实际检测暴露在空气污染环境下三小时是否需要使用卸妆产品才能完全洗净脸。

由上述实测可以说明，如果你没上什么妆，对于一般空气中的脏污只需要用温和的洗面乳就能清洗掉。若是在外面暴露的时间更少，皮肤不油也没使用化妆品的情形下，甚至用清水冲洗几次就可以了。但是没上妆的时候用了卸妆油，可能会过度清洁，破坏了皮脂膜的平衡。

所以请千万要注意，**卸妆可不等于洗脸啊！卸妆等于是又抹了一层不属于脸上的物质上去。**还好因为有界面活性剂的关系，通常用清水或是温和的洗面乳洗掉就可以了。详细的卸妆说明在前一篇已经交代清楚了，也请读者不要忘了回顾洗脸篇，检视自己的洗脸方式是否正确喔！

情境	清洁建议	说明
浓妆、彩妆	以卸妆产品(液、乳、油)清洁	化妆品内的油脂、蜡、粉剂和色素，于皮肤上附着性强，必须通过卸妆品才能得以清除，否则可能阻塞毛孔
淡妆、裸妆	以温和的洗面乳清洁即可	例如：只上透明无色的隔离霜、或其他无防水润色效果的化妆品
擦拭防水性强的防晒品	以卸妆产品(液、乳、油)清洁	越防水的成分，越不可能用清水或清洁力较弱的洗面产品洗去
擦拭一般防晒品	以温和的洗面乳清洁即可	–
没上妆 长时间接触户外	以温和的洗面乳清洁即可	汗渍污垢和一般空气脏污，用洗面乳即可清洁干净
没上妆 久处屋内	不油的话 以清水清洁即可	没上妆的时候使用卸妆品可能会导致过度清洁
油性肌肤	以温和的洗面乳清洁即可	–
干性肌肤	不脏的话 以清水清洁即可	–
皮肤处于敏感、红肿状态	以温和的洗面乳或清水清洁即可	为避免过度刺激，尽量避免上妆

1. 越防水、越润色的保养品就越需要卸妆。越防水的成分，就越不可能用一般方式洗掉；而润色效果好的成分，通常也会抗脱落，所以同样不容易直接洗净。
2. 常见的防晒品、BB霜、素颜霜，或性质近似的产品，通常会有防水、润色的效果，所以都需要卸妆。
3. 卸妆不等于洗脸——卸妆等于是在脸上又抹了一层不属于脸上的物质。

MedPartner PROJECT

CHAPTER3

保湿篇

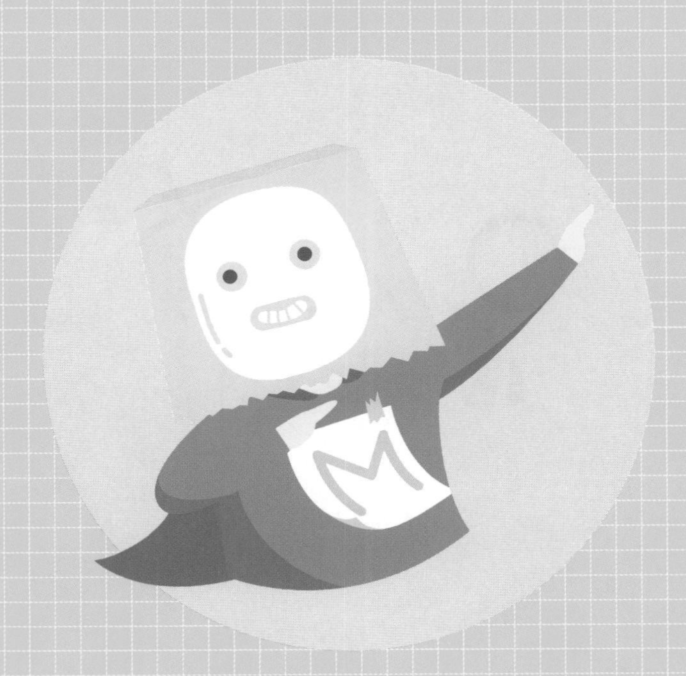

保湿陷阱何其多，掌握保湿关键与厘清常见错误观念

“保湿”是肌肤保养中非常重要的一环，几乎所有医师都会告诉你“清洁、保湿、防晒”是最基础也最必要的肌肤保养工作。但是市面上保湿成分、保湿产品、保湿教学百百种，似是而非的谣言满天飞，导致大家对保湿的观念常有很大的误解。

保湿有两种：一种是“保湿”，另一种是“自以为保湿”。这不是开玩笑，看完这篇文章，你可能就会发现自己做了很多“自以为保湿”的事情。

保湿为什么很重要？从皮脂膜与角质谈起

照规矩，从最基础的皮肤生理告诉大家为什么要保湿。皮肤的天然保湿能力主要来自角质层“外”由皮脂腺分泌的一层薄薄的皮脂膜，以及角质细胞“间”由角质代谢中自然产生的脂质与天然保湿因子共同构成。

皮脂腺会在表皮分泌皮脂，这些油脂会自然散布在皮肤表面产生“封闭”作用，可以降低水分蒸发。像是三酸甘油酯、蜡酯、脂肪酸等都是皮脂的主要成分。

皮肤最外层是薄薄的角质层，由死去的角质细胞构成。虽然角质层是一层死细胞，但却担负了皮肤最外层的重要屏障工作，其中一项作用就是保湿。如果没有皮肤，人体的水分很快就会散失而导致死

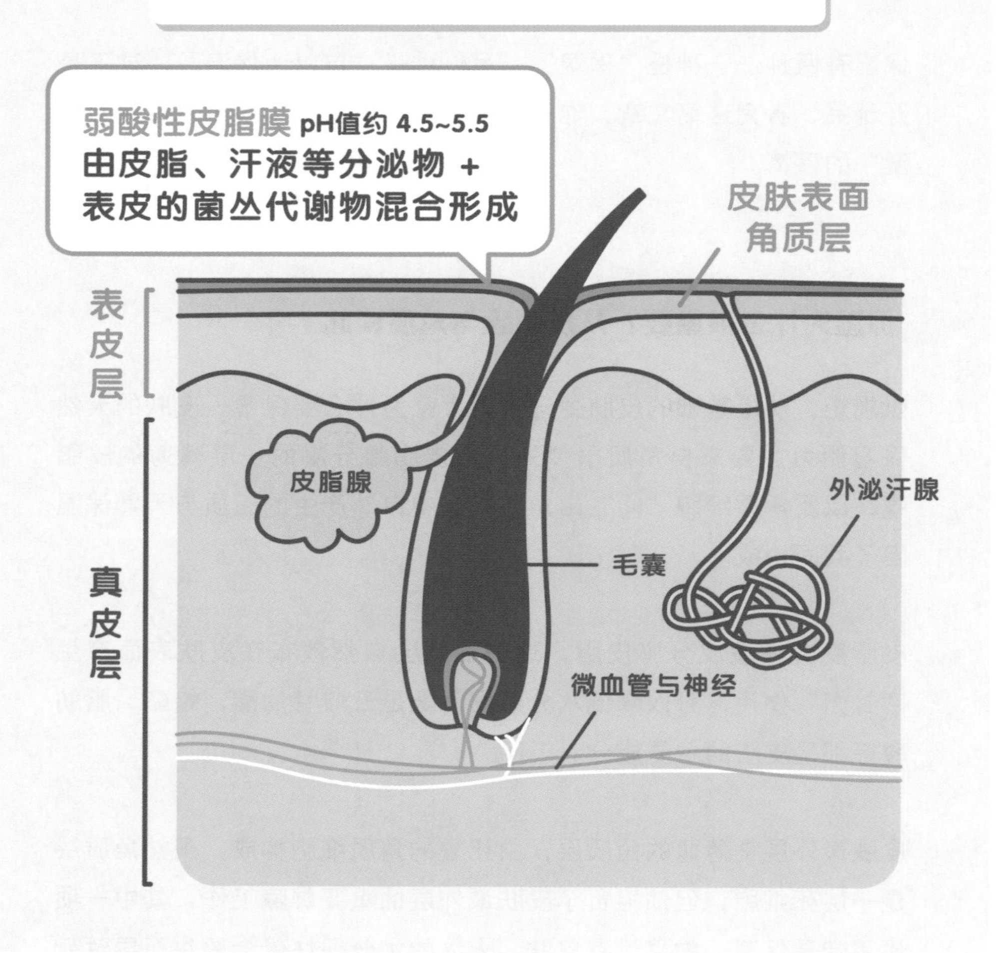
弱酸性皮脂膜
弱酸性皮脂膜 pH值约 4.5~5.5
由皮脂、汗液等分泌物 +
表皮的菌丛代谢物混合形成
皮肤表面
角质层
表皮层
真皮层
皮脂腺
外泌汗腺
毛囊
微血管与神经

亡。所以要谈保湿之前，一定要先了解“角质”这层组织是如何运作，了解之后保证你不再觉得它只是一层死细胞，而是该每天感恩角质、赞叹角质啊！（不是乱说的，当年在医学院读到这段，真的觉得太神奇了！）

角质的形成有四大流程，每个流程都有重要的生理意义，以下依序简单说明。

角质细胞生成流程：表皮的最底部是基底层，在基底层更深处就是真皮层。基底层会分化出角质形成细胞，在分化以及移动的过程中，角质形成细胞逐渐吐出一些细胞内的成分，然后渐渐变薄，到最后连细胞核都会消失，形成下页图中没有细胞核且扁平的角质细胞。基本上角质细胞是死细胞，但却肩负了阻隔外界细菌、病毒、脏污入侵，以及保湿的重要工作。阻隔作用不用说你应该也能理解，但角质细胞为什么可以保湿呢?

角质细胞间脂质生成流程：在角质形成过程中，角质形成细胞会逐渐分泌出一些内含的油脂成分，填充在角质层的细胞“之间”。

天然保湿因子生成流程：角质形成细胞也会分泌出一些天然保湿因子，一样会储存于角质细胞之间。

这些天然的脂质包含了神经酰胺、脂肪酸、胆固醇等成分。而天然保湿因子则包含各种氨基酸、盐类、糖类、乳酸、PCA－Na以及氯、钠、钙、镁等多种离子和尿素。脂质的成分可以避免水分散

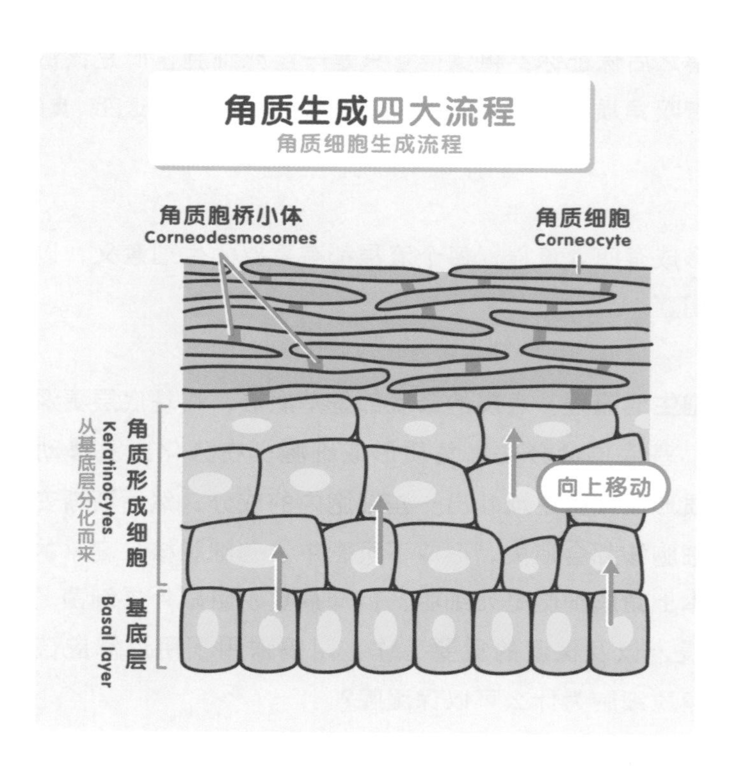

失，天然保湿因子则能在角质层间抓住水分，再搭配角质细胞本身的物理性阻隔，简直就像是“砖块”与“水泥”一样，成为人体最外层的屏障。

角质细胞脱落流程：角质生成流程是自然的循环，有新的角质生成了，就有旧的角质代谢掉。保湿有没有做好，牵涉到能不能自然、顺利地脱屑。如果角质层的保湿状况良好，胞桥小体就可以正常分解，脱落的角质就会非常非常细致，肉眼几乎是看不到。如果角质层的保湿状况不良，胞桥小体没办法正常分解，就会掉下一整片的角质，肉眼上就可以看到明显的皮屑产生。

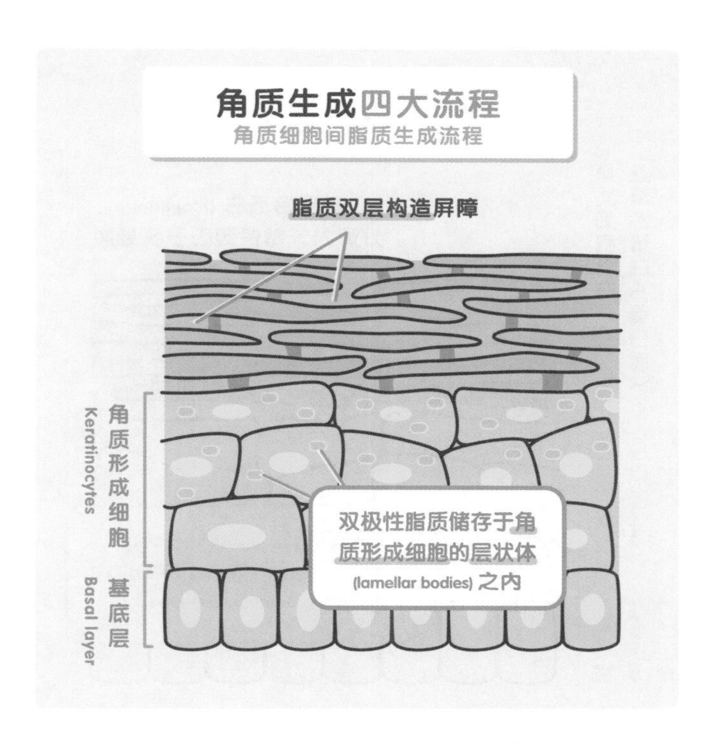

保湿没做好会发生什么事？什么状况要保湿？

如何知道基础保湿没有做好呢？上面写到角质的脱落流程，如果保湿不足，角质就无法自然顺利代谢，因此保湿不足时，最常看到的皮肤状况就是干燥、粗糙，甚至是细细白白的鳞片状剥落(Scaling)或薄片状剥落(Flaking)的情形。

正常的表皮含水量会由内而外逐渐减少。最底下的基底层含水量可高达70%，但到角质层就剩下20%到35%，如果角质层的含水量减少到10%以下，胞桥小体就没办法正常分解，也就会看到明显的

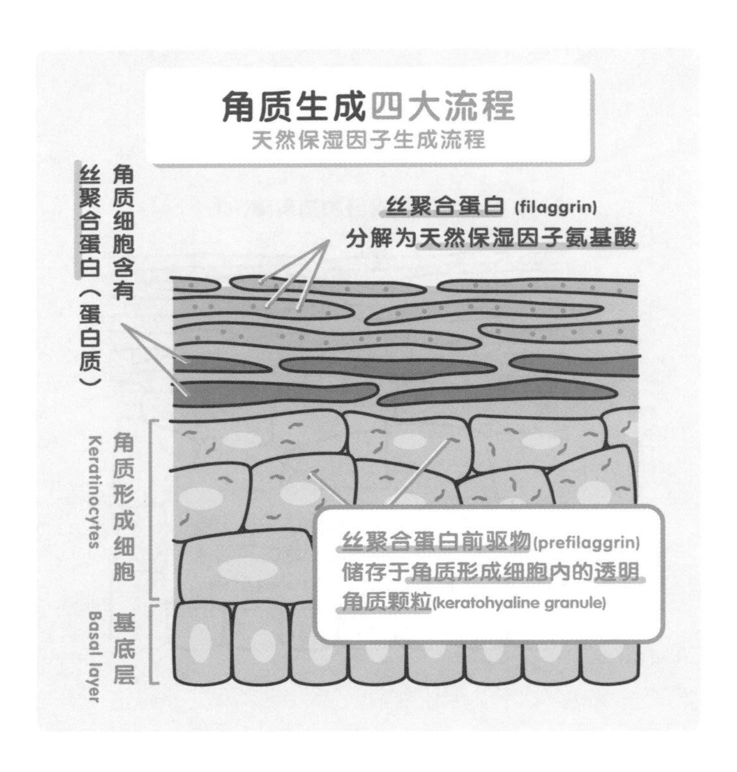

干燥变化，例如脱屑反应。

有许多皮肤疾病都跟保湿不良有关，例如异位性皮肤炎（常见于婴儿及青少年）、脂漏性皮肤炎、汗疱疹以及大家最熟悉的青春痘（痤疮），你有没有发现在这些疾病的病灶都会看到“发炎反应伴随皮肤脱屑”？

正常的角质层应该排列整齐、水分饱满。但因为外力或者疾病的因素，引起了发炎反应，角质层会变得脆弱。脆弱、不健康的角质层

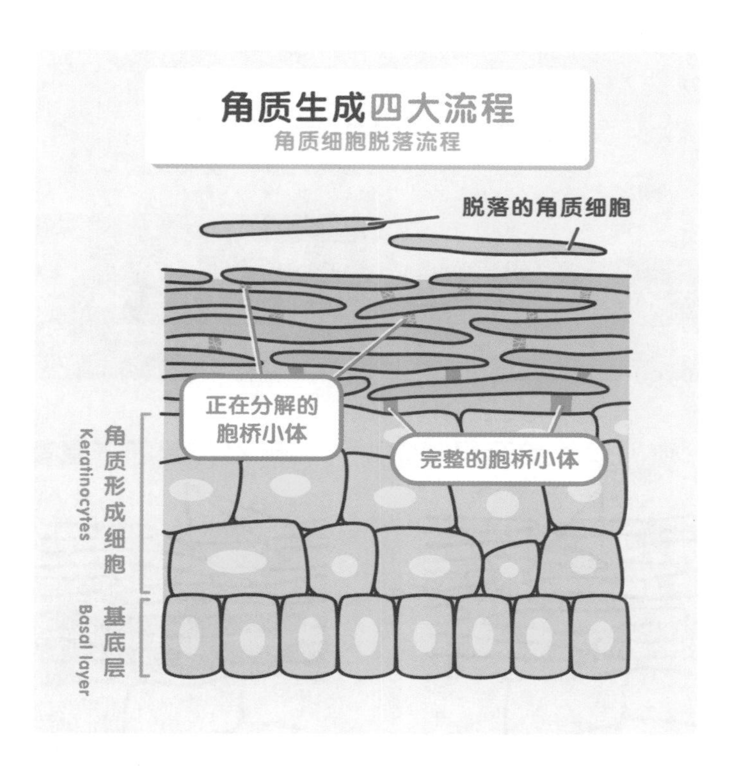

小贴士

因保湿不良所导致的皮肤疾病

异位性皮肤炎，手部。

脂漏性皮肤炎，头部。

汗疱疹，手部。

青春痘，脸部。

天然脂质与保湿因子

神经酰胺、脂肪酸、胆固醇

氨基酸、盐类、糖类、乳酸、PCA－Na、氯钠钙镁等多种离子、尿素

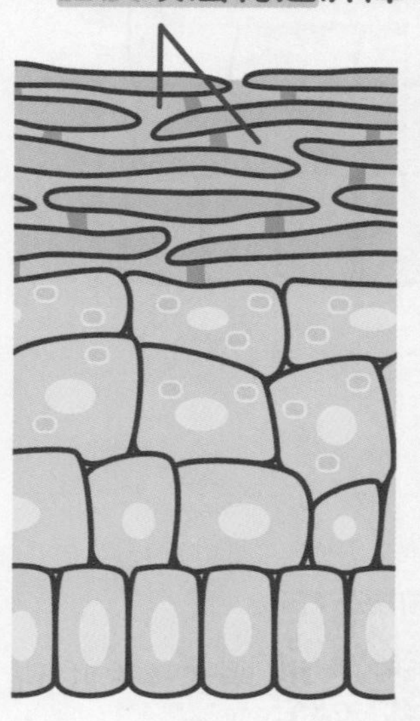

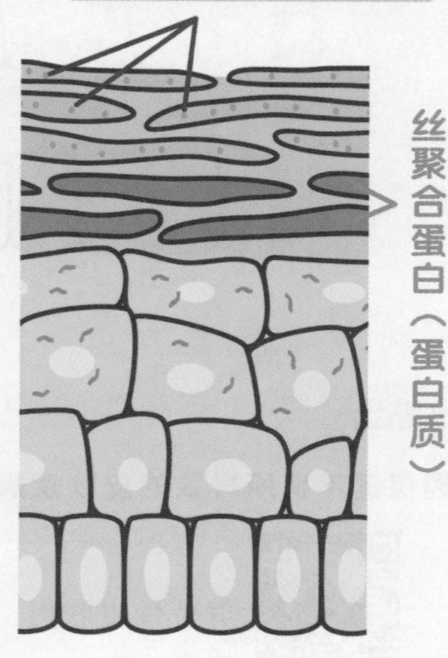

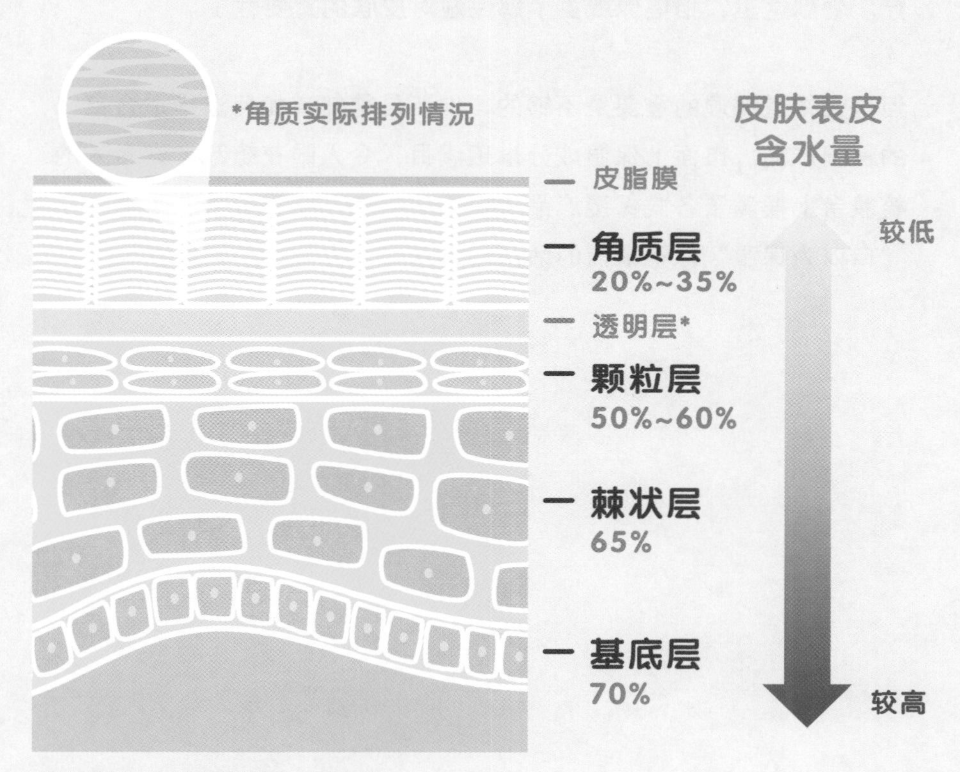
正常皮肤表皮含水量
*角质实际排列情况
皮肤表皮
含水量
皮脂膜
较低
角质层
20%~35%
透明层*
颗粒层
50%~60%
棘状层
65%
基底层
70%
较高
*透明层：仅手脚掌有此结构

就无法发挥保湿作用，因此更容易缺水，进而再让角质的受损更严重，形成恶性循环。所以在上述的疾病中，**适度保湿通常有助于改善症状**，严重的异位性皮肤炎甚至需要积极的湿敷疗法来协助治疗。看到这里，相信你就更了解保湿对皮肤的重要性了。

但是光知道保湿的重要是不够的，你还是得知道如何选择适合自己的保湿产品。市面上保湿成分琳琅满目，令人眼花缭乱，许多人的梳妆台上摆满了各式保湿产品，但如果根本不认识成分，可能只是“自以为保湿”，不相信的话我们继续看下去。

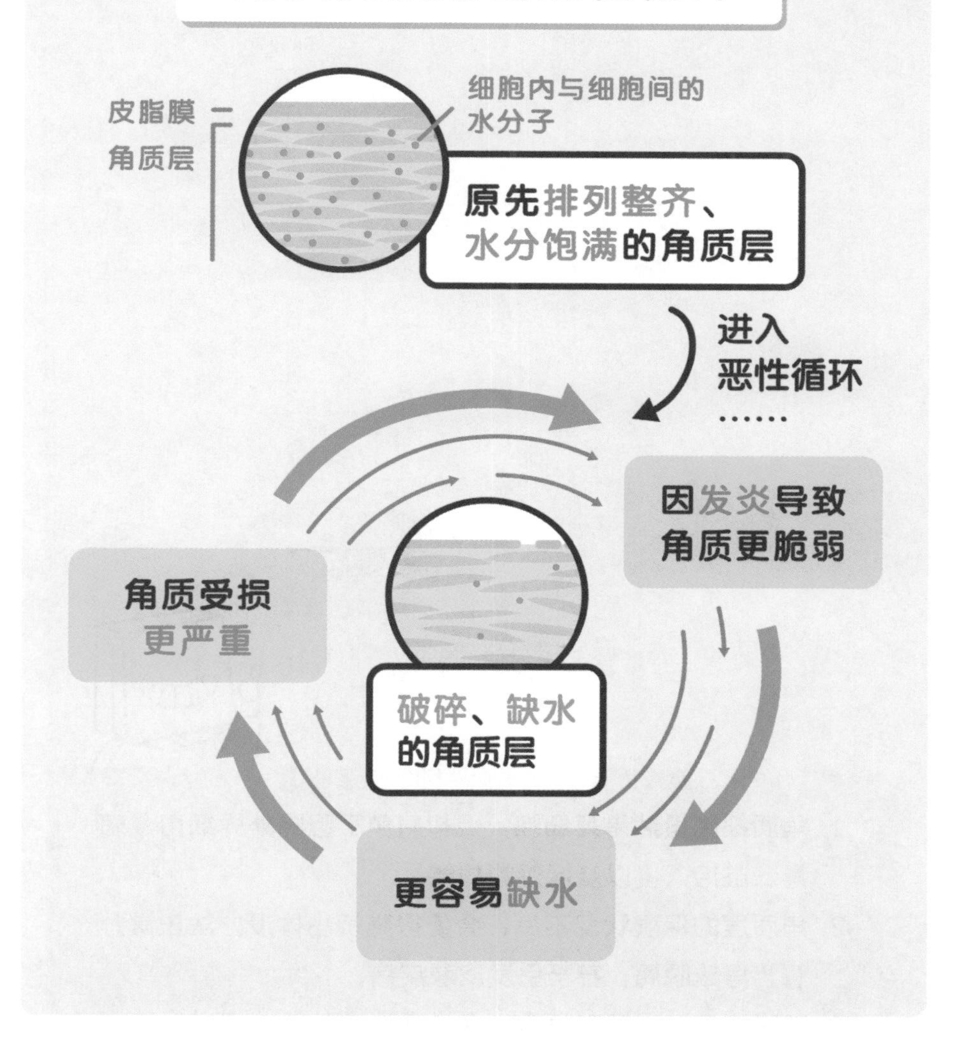
角质受损后的恶性循环
皮脂膜
角质层
细胞内与细胞间的
水分子
原先排列整齐、
水分饱满的角质层
进入
恶性循环
……
因发炎导致
角质更脆弱
角质受损
更严重
破碎、缺水
的角质层
更容易缺水

1. 角质细胞虽然是死细胞，但却肩负了阻隔外界细菌、病毒、脏污入侵以及保湿的功能。
2. 角质层的保湿状况不良，会使得胞桥小体没办法正常分解，导致脱屑，甚至引发皮肤疾病。
3. 适度的保湿有助于改善许多皮肤疾病。

你必须认识的保湿成分

你已经知道了保湿的重要，为了选择适合自己的保湿产品，你还必须认识保湿产品的成分。保湿成分基本上可以分成两大类，对应到正常生理的“皮脂”以及“角质细胞间保湿因子”，以下分别介绍给大家。

封闭性保湿剂

封闭性保湿剂(Occlusive)可以在“皮肤表面”及角质层之间形成疏水的薄膜，阻碍水分蒸发，概念上接近皮脂腺所分泌的皮脂膜的功能。大家耳熟能详的凡士林、羊毛脂、角鲨烯等，摸起来感觉油油的，这些都是封闭性保湿剂。

润湿性保湿剂

润湿性保湿剂(Humectant)可以在角质层“外”或角质层“间”吸引水分。但如果仅使用润湿性保湿剂，可能会将水分从真皮吸收到角质，且因为缺乏阻碍水分蒸发的效果，反而导致更多经皮肤的水分散失。就有研究认为，在外界相对湿度超过70%时，才比较不用担心上述问题。常见的润湿性保湿剂成分有玻尿酸、甘油、尿素、PCA－Na等。

常见封闭性保湿剂
(Occlusive)

烃油/蜡
Hydrocarbon oils / Wax

凡士林
(矿脂Petrolatum)

矿物油
(Mineral oil)

石　蜡
(Paraffin)

角鲨烯
(Squalene)

硅衍生物
(Silicone derivatives)

二甲硅油 (Dimethicone)　环甲硅脂 (Cyclomethicone)

脂肪醇
Fatty Alcohols

鲸蜡醇
(棕榈醇/十六醇/Cetyl alcohol)

硬脂醇
(十八烷醇/十八醇/Stearyl alcohol)

羊毛脂醇
(Lanolin alcohol)

脂肪酸
Fatty Acids

硬脂酸
(十八酸/Stearic acid)

羊毛脂酸
(Lanolin acid)

蜡酯
Wax Esters

羊毛脂
(Lanolin)

蜂　蜡
(Beeswax)

硬脂醇硬脂酸酯
(Stearyl stearate)

植物蜡
Vegetable waxes

棕榈蜡
(Carnauba)

堪带蜡（堪地里拉蜡）
(Candelilla)

磷脂
Phospholipids

卵磷脂
(Lecithin)

固醇
Sterols

胆固醇
(Cholesterol)

多元醇
Polyhydric Alcohols

丙二醇
(丙烯乙二醇/Propylene glycol)

常见润湿性保湿剂
(Humectant)

甘油
(丙三醇/Glycerin/glycerol)
蜂蜜
(Honey)
乳酸钠
(Sodium lactate)
乳酸铵
(Ammonium lactate)

尿素
(Urea)
丙二醇
(丙烯乙二醇/Propylene glycol)
吡咯烷酮羧酸钠
(Sodium PCA)
玻尿酸
(Hyaluronic acid)

山梨醇
(Sorbitol)
聚甲基丙烯酸甘油酯
(Polyglycerylmethacrylate, PGMA)
泛醇
(维生素原B5/Panthenol)
明胶
(Gelatin)

在这边补充一点，有些分类会把保湿剂多分出一种叫作润肤性保湿剂(Emollient)，它本身不具有明显补足生理性保湿的功能，但可以对保湿产品有“修饰”的作用。它的原理主要是使油脂平均分散，填补角质层表面粗糙不平之处，让皮肤摸起来更平顺。根据性质的不同，还可分为防护性润肤剂、收敛性润肤剂、脂肪性润肤剂、干燥性润肤剂等。常见的润肤性保湿剂有硅灵、荷荷巴油、丙二醇等。

常见润肤性保湿剂
(Emollient)

防护性润肤剂
Protective Emollients

恶油酸二异丙酯
(Diisopropyl dilinoleate)

异硬脂酸异丙酯
(Isopropyl isostearate)

脂肪性润肤剂
Fatting Emollients

蓖麻油
(Castor oil)

丙二醇
(丙烯乙二醇/Propylene glycol)

硬脂酸辛酯
(辛烷基硬脂酸酯/Octyl stearate)

甘油硬脂酸酯
(硬脂酸甘油酯/Glyceryl stearate)

荷荷巴油
(Jojoba oil)

收敛性润肤剂
Astringent Emollients

硅　灵
(二甲硅油/二甲基硅酮/聚二甲基硅氧烷
/Dimethicone)

环甲硅脂
(环聚二甲基硅氧烷/Cyclomethicone)

十四(烷)酸异丙酯
(肉豆蔻酸异丙酯/Isopropyl myristate)

辛酸辛酯
(Octyl octanoate)

干燥性润肤剂
Dry Emollients

十六(烷)酸异丙酯
(棕榈酸异丙酯/Isopropyl palmitate)

油酸癸酯
(Decyl oleate)

异硬脂醇
(异十八醇/Isostearyl alcohol)

看到这儿，聪明的你大概就会知道重点是什么了。你可能听过**“保湿除了补水，还要锁水**，不然皮肤会越来越干”。“补水”的概念就是使用“润湿性保湿剂”，而“锁水”的概念就是使用“封闭性保湿剂”啊！这样有没有更清楚了呢?

讲了那么多基础知识，我们该如何应用到生活上呢？以下帮大家整理几个重点：

1. 如果皮肤看起来水分饱满，摸起来平顺，也不脱屑，代表天然保湿因子跟皮脂都充足，并不需要特别强化保湿。
2. 如果皮肤摸起来粗糙，又有脱屑，则可以使用润湿性保湿剂搭配封闭性保湿剂的产品来补水及锁水。
3. 润湿性保湿剂单独使用可能会增加皮肤水分散失，除非外界相对湿度超过70%才比较安全。
4. 润湿性保湿产品跟封闭性保湿产品可以是同一项产品，或者是两样甚至多样产品的组合。但整体配方必须要合理，并尽量精简。

通过以上的观念说明，你就可以理解为什么医师不会同意在脸上喷保湿喷雾就期待达到保湿效果。因为保湿喷雾基本上就是水的成分，顶多添加了一点点润湿性保湿剂。如果你是要喷湿之后以便上妆，那就无可厚非，但若是期待喷湿就能保湿，……（请自行填空）。建议你还是赶快看看产品包装上所标示的成分，并对照本篇文章的说明，才能保证达到你要的保湿效果。

大家有没有发现，人们对皮肤做这么多事，重点都是想强化保湿功能，或是弥补已经缺损的保湿能力。偏偏就是会有人超热爱天天去角质，或者是用超强力的洗卸产品过度清除天然的皮脂，最后再去买超高价的保湿产品，如此根本就是不懂保湿原理，花了大钱还伤了皮肤。

记住，角质层跟皮脂膜还是天然的好，要好好保护。

日常保湿重要观念

如果皮肤看起来水分饱满
摸起来平顺不脱屑

表示天然保湿因子与皮脂皆充足，
可以不用特别强化保湿。

如果皮肤摸起来粗糙且脱屑

可使用“润湿性”+“封闭性”
保湿剂产品来补水及锁水。

润湿性保湿剂单独使用时

可能反增加皮肤水分散失，
除非外界相对湿度超过70%才较安全。

润湿性与封闭性保湿产品可以是
同一项产品或两样甚至多样产品的组合

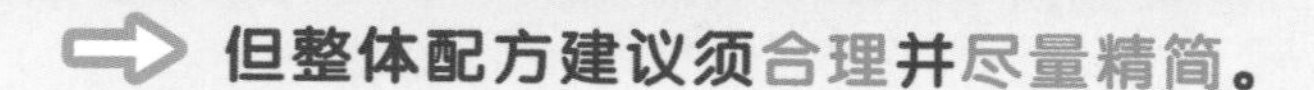
但整体配方建议须合理并尽量精简。

1. 仅使用润湿性保湿剂，可能会导致更多皮肤水分散失。
2. 如果皮肤摸起来粗糙，又有脱屑，应使用润湿性保湿剂搭配封闭性保湿剂的产品来补水及锁水。
3. 角质层跟皮脂膜有最天然的保湿功能，千万不要随意伤害。

MedPartner PROJECT

CHAPTER4

防晒篇

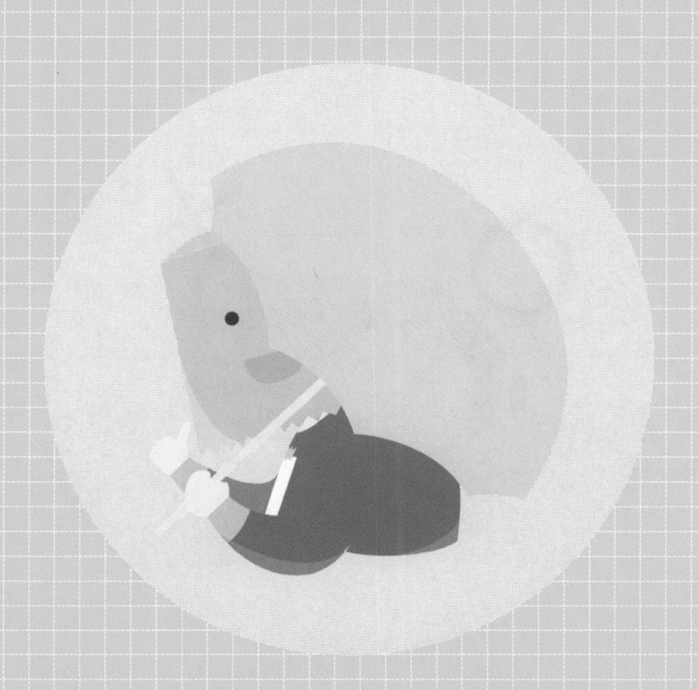

如果不介意肤色黑，可以不要防晒了吗？

到底日晒影响有多大，好像没提出明确的例子就很难让大家理解。其实早在2012年《新英格兰医学杂志》(*The New England Journal of Medicine*, NEJM) 就有一篇个案报告，一位美国大叔就用自己的脸亲自为我们做了长达二十八年的人体实验了。

这位大叔是货车司机，每趟他出门送货的时候，阳光中的UVA穿过货车玻璃，照射在他的左脸上。美国跟台湾一样都是左驾，左边车窗离脸很近，从送货第三年开始，他就出现左脸单侧无症状的皮肤过度角化、皱纹、开放性粉刺，并出现像是囊肿的粉刺，这些都是典型过度曝晒产生的症状。

小贴士

如果你想看看这位美国司机大叔的照片，可以连接至此：http://bit.ly/2yoMUn3，或是扫描二维码。

你应该也或多或少知道防晒的重要性，希望通过这篇文章让你一次彻底搞懂到底为什么防晒会这么重要。废话不多说，我们开始啰！

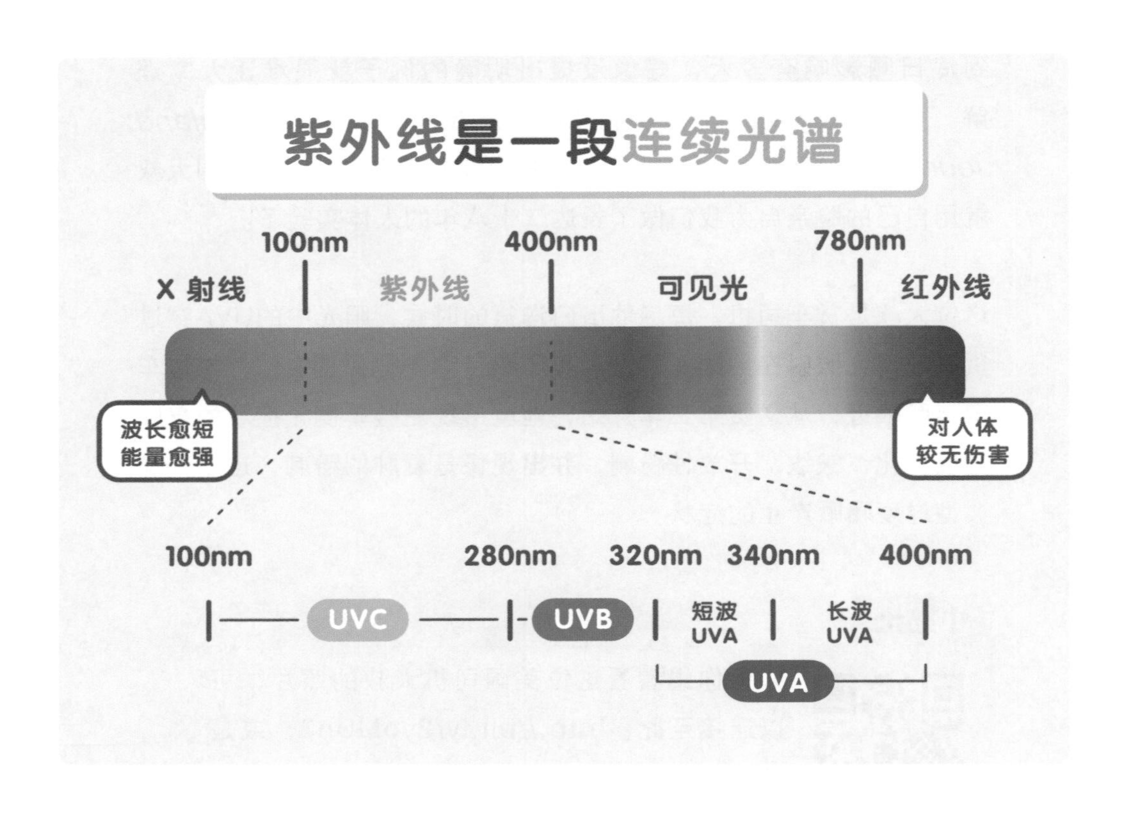

紫外线不止一种

多数人都知道，防晒主要是要防止阳光中的紫外线导致皮肤伤害。但如果你只知道到这个程度，你大概没办法做好防晒工作。地球上的紫外线基本上来自太阳，而太阳是一个巨大、高温的星体，会发射出各种不同波长的辐射线，分析起来是连续的光谱。

人的眼睛可以看到的波长是有限的，你能看到的红、橙、黄、绿、蓝、靛、紫这个范围的光线，被称为“可见光”。而波长超过红光就被称为“红外线”，波长短于紫光就被称为“紫外线”，两者都是“不可见光”。而**波长越短的辐射线，能量就越强，对人体的伤害也就越大。**因此红外线对人体产生不了什么伤害，防晒的重点主要落在波长短但能量较强的紫外线范围。

所以我们要把重点放在紫外线(Ultraviolet, UV)来仔细讨论。

紫外线会让皮肤产生自由基，也会产生一些蛋白酵素的活化，更会引起胶原蛋白跟弹性纤维的分解，进而出现皮肤老化的现象，例如皮肤变薄、失去弹性、形成皱纹等问题。紫外线依照波长的范围，又被分为UVA、UVB、UVC三种。波长越长，穿透力就越强，因此在一般状况下，波长最短的UVC几乎全部被大气层挡住（感恩大气层，赞叹大气层），到达地表的紫外线组成中有大约5%的UVB以及95%的UVA。所以防晒产品都是针对UVB跟UVA为主，很少听到防护UVC。

UVB的波长较短，穿透力较低，伤害主要都在表皮层，但能量较强，因此容易造成晒红、晒伤，而**因长期累积的能量大，甚至可能造成皮肤癌。**不过UVB的穿透力较低，防护的难度比UVA低。

UVA的波长较长，穿透力较高，依照波长又分成长波UVA跟短波UVA，其中长波UVA的波长最长，伤害可到达真皮层，但能量较

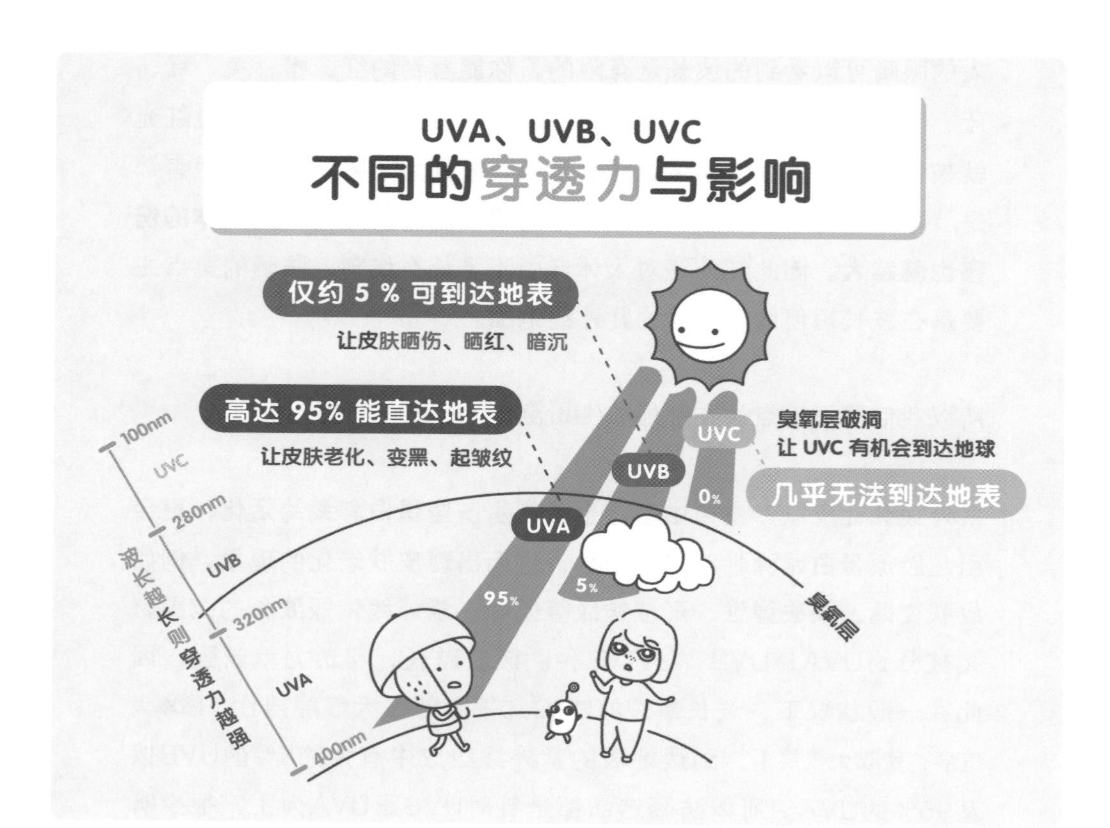

低，因此会导致晒黑与老化。而短波UVA因波长较短，则是抵达表皮较深处。**虽然UVA能量低，但因为到达地表的量大，因此人体对波长较长的UVA累积的吸收量还是比较大喔！**有关晒黑的完整机制，请另外参考后文美白篇。

看到这里，大家应该已经清楚UVA跟UVB的差别，两者的穿透力不同，造成的影响也不同，所以想要防晒应该要搞清楚自己的目标到

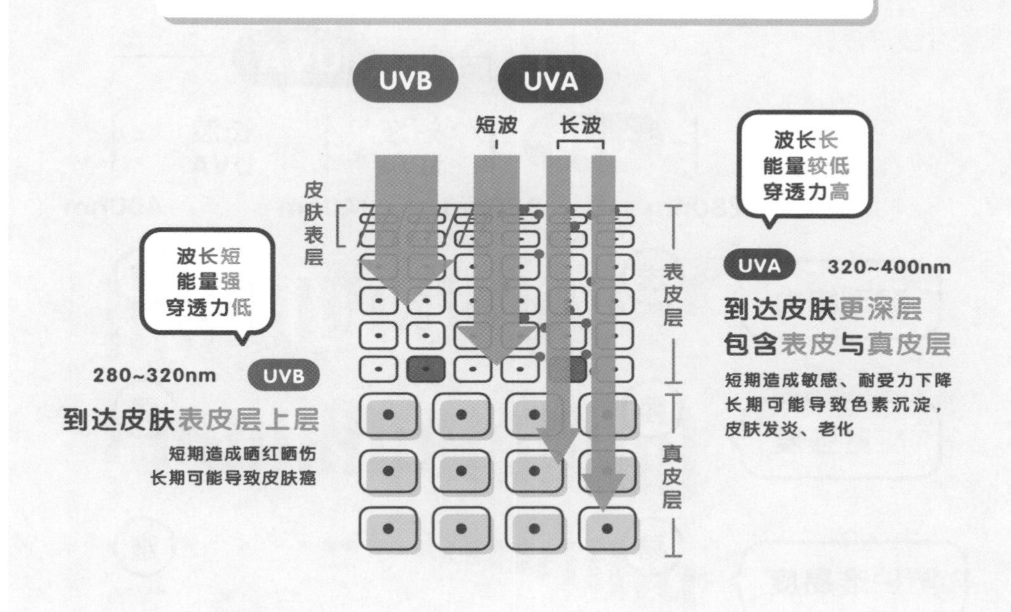

底是什么。如果你根本不怕晒黑，不怕晒老，只怕晒伤的话，降低UVB的伤害就没问题了；如果你担心晒黑、晒老的话，就要更全面避免对于UVA的暴露。

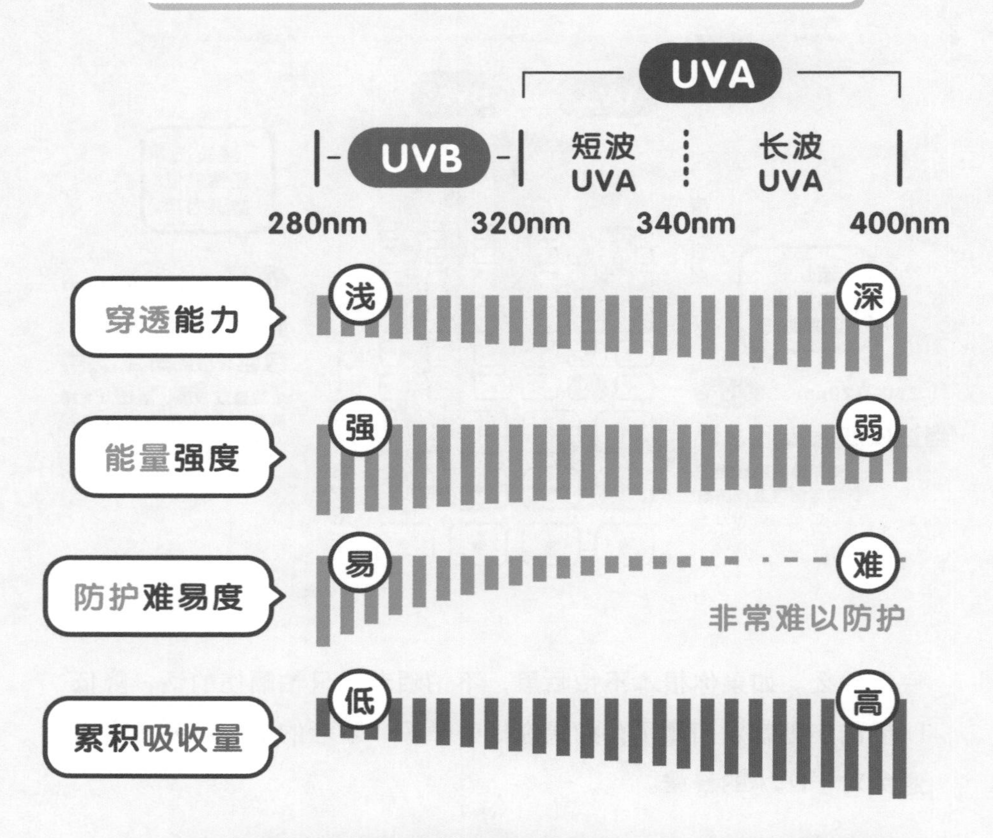

UVA不会立即对皮肤造成影响，容易让人们忽视，却对皮肤影响深远。但由于穿透力强，使防晒乳也难以防护，即使在室内仍大量存在。

为什么 UVA 难以防护

容易忽略

不会有
热热烫烫的感觉

难以阻挡

穿透力强
难以被云层、窗户、汽车玻璃等阻挡

波动不大

从日出到日落
UVA 的量都差不多

不分季节

即使随着季节也变化不大
简直如影随行

但是，想防堵UVA其实非常困难。上文提过，波长越长，穿透力就越强，因此长波UVA是很难阻挡的，云层、窗户、汽车挡风玻璃全都阻挡不了。而且它能量低，即使你暴露在大量UVA下，也不会有热热烫烫的感受。更麻烦的是，UVA从日出到日落一整天波动不会太大，即使季节变化，冬天跟夏天的UVA强度也相差不大。长波UVA简直就是一年四季、如影随形，跟背后灵一样死缠着你，很难躲得掉啊！

你可以回想本篇一开始提到的司机大叔，他的症状主要就是UVA的伤害。车窗帮他挡下了多数UVB，所以他没有明显被晒伤的痕迹，也看不出其他肌肤问题。但累积了二十八年的UVA曝晒，就成了你看到的这个样子了。

防晒口诀ABC

想要完整防晒，原则就是“让皮肤接触的各式紫外线越少越好”。防晒的成功跟考试想拿分数一样，要把最多的精力专注在大方向上，而不是只在意细枝末节。下图揭示了一则医学界防晒的通用口诀，请务必谨记在心：

防晒口诀 ABC

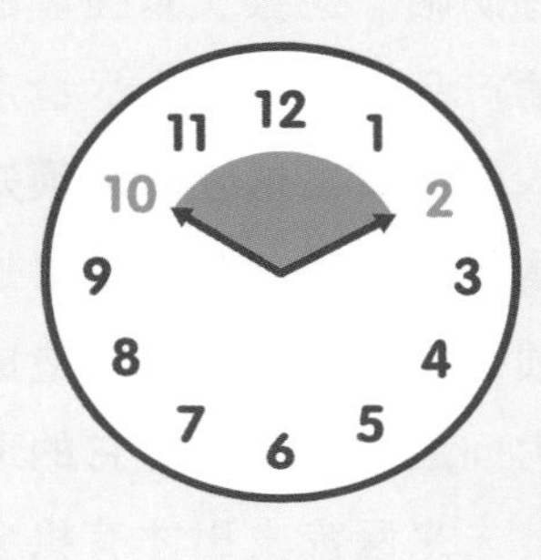

A (Avoid)

避免在 10:00~14:00 间进行（超过20分钟的）户外活动

避开紫外线在一天最强的时刻
夏天可视情况延后到下午 3 点

B (Block)

外出要涂抹防晒产品

依所处环境选择合适的防晒系数
建议选择 SPF30~35 为佳
2 小时补擦一次

C (Cover)

曝晒阳光下时为肌肤提供适当遮蔽物

例如：撑阳伞、戴帽子、戴太阳眼镜或穿着长袖衣物等加强物理性防晒

接着我们再分享一张有趣的图片给大家看看。

澳大利亚是阳光超强的地方，白种人又比较容易得皮肤癌，澳大利亚政府就利用下图对国民宣导应该如何做好防晒。这张文宣强调的就是：穿长袖衣物、使用SPF30以上的防晒产品、戴帽子、尽量走在阴影处，并且记得戴太阳眼镜。但内行人就会看出这张防晒须知有一个有趣的点：澳大利亚政府不太在意国民变黑或变老，主要是担心晒伤产生身体问题。这一系列防晒事项，都是以预防UVB造成的皮肤疾病为主，特别是皮肤癌，还有视力问题。这其实有它的道理啊！以政府的角度来说，民众做好防晒，未来医疗支出才有机会下降，至于晒黑晒老，政府是没特别打算想管啦！但是我们还是要提醒，UVA仍会有导致疾病的可能，不可不慎。

前面落落长讲了一大串，最后帮大家整理重点，赶快记下来，考试会考喔！

	UVA	UVB	UVC
波长	长波 UVA 340~400nm 短波 UVA 320~340nm	280~320nm	100~280nm
到达地表的紫外线比例	95%	5%	0% 若臭氧层破洞则有机会到达地表
伤害力	能量可穿透至皮肤的真皮层	到达皮肤的表皮层	不会到达地面
后遗症	引起光老化现象：细纹、皱纹的产生以及皮肤松弛；造成皮肤晒黑，形成斑点，色素沉淀；造成皮肤敏感，耐受力下降	造成皮肤晒伤、晒红；造成皮肤晒黑	对皮肤没有直接伤害
特点	伤害皮肤时没有灼热感，因此易被忽略；可穿透云层及玻璃，即使阴天或室内仍会受到伤害；从早到晚 UVA 的能量都很高	UVB对皮肤的伤害集中于早上10点到下午 2 点	

接下来，我们将在本文的基础上，继续清楚地告诉大家目前台湾通行的各式防晒指标。

1. 紫外线依照波长不同，分为UVA、UVB、UVC三种。UVC几乎全部被大气层挡住，所以防晒产品都是针对UVB跟UVA为主。
2. 降低UVB的伤害，只能预防晒伤，想要避免晒黑、晒老，还得尽量预防UVA的曝晒。
3. 防晒口诀ABC：A(Avoid)，避免在上午十点到下午两点间进行超过二十分钟的户外活动。B(Block)，外出要涂抹防晒产品。C(Cover)，在阳光下应为肌肤提供适当遮蔽物。

很重要！！！
一次搞懂所有防晒指标

挑选防晒产品的标准，最重要的就在于有没有足够的防晒功效，但你可能会好奇这些指标是否有客观的标准可依据呢？答案是：有的，但问题也很多。如果你没搞懂这些防晒指标，买防晒产品真的只是买心酸的。接下来就让我们一次教你看懂所有重要的防晒指标。（下次朋友对你臭屁说他会看SPF跟PA的时候，请记得向他摇摇手指，说："这样太浅了喔～"）

防晒的目标就是要避免晒红、晒伤、晒黑、晒老，以及紫外线曝晒造成的其他皮肤病变。但在挑选防晒产品的时候，除了"防晒强度"以外，我们还必须同时考虑"防晒广度""防晒均匀度"以及"抗水性"等方面，才有机会挑到合用且有效的产品。以下就依序介绍包含这四大方向的各种防晒指标。

防晒强度：防止UVA或UVB伤害皮肤的效能

上一篇文章讲到紫外线可分为UVA、UVB、UVC三种。其中UVC几乎不会到达地表；UVB有5%到达地表，会造成晒红、晒伤；UVA 95%可到达地表，会造成晒黑、晒老。所以防晒产品主要的目标就是防止UVA与UVB对皮肤造成伤害。针对两种不同波长的紫外线防护程度，科学家设计了不同的指标。

1. SPF(Sun Protection Factor)，防晒系数

SPF：防晒系数

(Sun Protection Factor)

SPF：针对 UVB 的防晒指标

很常见！

系数代表什么含义呢？

举例来说……

假设一边擦了防晒品而另一边没擦

擦的这边

100 分钟后才晒红

没擦的这边

10 分钟后就晒红了

那么这种防晒品的

SPF = 100/10 = 10

所以说防晒产品只是“延后”晒红晒伤的时间哦！

SPF：防晒系数

(Sun Protection Factor)

Q：所以 SPF30 比 SPF15 强两倍吗？

A：并不是的！

假设原本有 100 颗辐射光子

*此图仅为示意，非代表实际数据。

未使用防晒产品
100 颗光子都抵达皮肤

防护率
93%！

使用 SPF15 的防晒产品
剩下 7 颗光子会抵达皮肤

防护率
97%！

使用 SPF30 的防晒产品
剩下 3 颗光子会抵达皮肤

SPF是针对UVB的防晒指标，也是最常见的防晒指标。UVB会造成皮肤晒伤和变红，这种伤害短时间内便会显现，所以相对容易用人体测试。人体测试SPF数值，通常是以背部皮肤来测试，一边擦上防晒产品，另一边不擦防晒产品，然后同时曝晒比较两者何时开始出现晒红。假设没擦防晒产品的皮肤十分钟就晒红了，而擦防晒产品的另一边过一百分钟才晒红，SPF就是100/10=10。换句话说，**SPF10代表该产品可以将被晒红的时间“延长十倍”。**同理，SPF50的产品就是可以将被晒红的时间延长五十倍。

这样一来，你就可以理解防晒产品只是让人“延后”晒红、晒伤，实际上当下的紫外线指数、还有自己的肤质，都会左右晒红、晒伤的时间。

另外要知道的是，若是比较SPF15跟SPF30的差别，并不代表后者就是前者的两倍防晒强度。看一下左页这张图，在毫不防御的状况下，假设有一百颗辐射光子，使用SPF15的防晒产品后，会剩下七颗光子抵达皮肤；而使用SPF30的产品，则只剩下三颗光子会抵达皮肤。这只是示意图，澳大利亚辐射防护与核能安全局(Australian Radiation Protection and Nuclear Safety Agency, ARPANSA)网站上有实测数字，你可以参考下面的表格就知道了。

SPF	% UVR Blocked
4	75
8	87.5
15	93.3
30	96.7
50	98

参阅：澳大利亚辐射防护与核能安全局

2. PPD(Persistent Pigment Darkening)，持续晒黑系数

SPF是用来评估预防UVB的强度，UVA的预防强度当然也要有个方式评估。复习一下，UVA造成的是皮肤“晒黑”，所以检测的方式跟SPF接近，定义是“使用防晒剂后，光源照射皮肤产生持续二十四小时以上的变黑现象所需时间，与不擦防晒剂时所需时间的比值”。

换句话说，PPD10的产品，代表皮肤原本曝晒十分钟会晒黑，现在涂抹PPD10的产品能让皮肤撑到一百分钟才晒黑。但台湾民众对这个指标比较不熟悉，产品上也比较少看到这样的标示。

PPD：持续晒黑系数
(Persistent Pigment Darkening)

PPD：针对 UVA 的防晒指标

台湾民众对此较不熟悉
产品上也较少看到这样的标示

定义 检测方式与 SPF 接近

**使用防晒剂后，光源照射，
皮肤产生（持续 24 小时以上的）变黑现象所需时间，
与不擦防晒剂时所需时间的比值。**

3. PA(Protection Grade of UVA)，UVA防护等级

这个标示大家就应该比较熟悉。因为PA是“日本化妆品工业联合会”在1996年提出的标示法，而台湾很常见到日系产品，自然就对这种标示比较熟悉。一开始PA最多只有三个+号，但在2013年之后，该协会接受了新版“ISO 24442 UVA防护效果测定法”，所以现在最高可以标示到四个+号。

PA要怎么测量？其实PA是把测量出来的PPD数值，经过换算，简化成+号来表示。换算的方式请见下表。简单来说，**PA的+号越多，就有越强的UVA防护效果，防止晒黑、晒老的功效就越强。**

目前台湾也跟进日本的标准，因此现在你在台湾市面上买得到的防晒产品，也能看到最多到四个+号的标示法喔！

PA：UVA 防护等级
(Protection Grade of UVA)

PA：针对 UVA 的防晒指标

将 PPD 数值简化成＋号来表示

PA+	PPD 2~4
PA++	PPD 4~8
PA+++	PPD 8~16
PA++++	PPD 16 以上

防晒广度及防晒均匀度

除了防晒强度，你还要知道防晒广度及防晒均匀度，它们分别由临界波长与宽频来标示。

临界波长(Critical Wavelength)

波长越长的辐射线，通常越难以阻挡，多数防晒剂对于波长较短的UVB有不错的阻挡效果，但随着波长增加，防晒剂的防护力就会下降，一旦到达某个波长，整个防护力就会突然陡降。造成这个防护力陡降的波长，就被称作“临界波长”，代表这个防晒剂的防晒功能是比这个“临界波长”的波长更短的范围。你可以对照下图，橘色线的吸收曲线底下会形成一块面积，占总面积近90%处的波长，就被定义为临界波长。

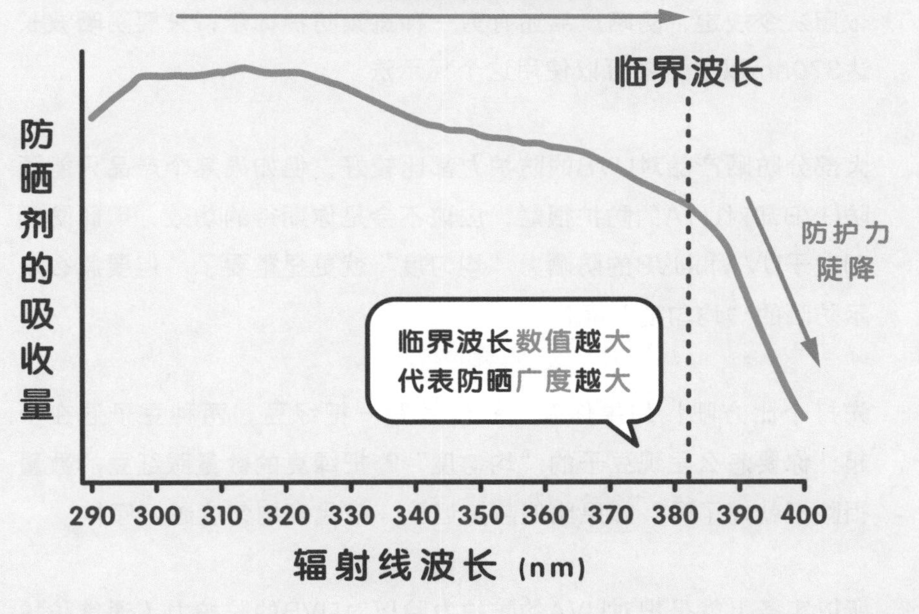
什么是临界波长?
波长越长通常越难以阻挡
临界波长
防晒剂的吸收量
防护力陡降
临界波长数值越大
代表防晒广度越大
290 300 310 320 330 340 350 360 370 380 390 400
辐射线波长 (nm)

聪明的你，大概可以知道“临界波长”越长（数值越大），就代表防晒剂的防晒广度越大。一般来说，**基本的防晒产品临界波长要能达到370nm以上，超过380nm才称得上进阶级产品。**临界波长偏短，代表产品的防晒力偏向波长较短的UVB，对于长波UVA的防御力就比较弱。

宽频防护(Broad Spectrum)

依照法令规定，防晒产品还有另一种宽频防护标示，只要防晒波长达370nm以上，就可以使用这个标示法。

大部分防晒产品对UVB的防护力都比较好，但如果某个产品只能预防UVB却对UVA的防护很烂，应该不会是你期待的功效，因此防晒剂对于UVA和UVB的防晒力“均匀度”就更显重要了。但要怎么表示防晒的“均匀度”呢?

先打个比方吧！如果你有一把红豆跟一把绿豆，两种豆子混在一起，你要怎么呈现豆子的“均匀度”？把绿豆的数量跟红豆的数量相除不就好了吗? 如果比值越接近一，就代表均匀度越好啰!

所以实务上就是把对UVA的防护力除以对UVB的防护力（通常防护UVA的效果会比较弱，所以这个数值会小于一），就可以大致得出防晒产品的“防晒均匀度”。目前常见有以下两种表示法：

1. UVA

这是欧盟执行委员会(European Commission)的建议指标，对UVA保护力达到UVB的三分之一以上，就可以挂上这个标示。

2. Boots Star

但上述的分级方式，毕竟还是比较粗糙，所以就又订了更细致的分级法。你可能曾听到人家介绍产品时说：“这个防晒产品是‘四颗星星’的。”但这样介绍就弱掉了，专业一点要这样讲：“这个防晒产品的均匀度是Boots Star四颗星的喔！”

Boots Star把UVA对UVB的比例更加细分成几个等级：

凡是防晒剂对UVA的防晒力是UVB防晒力的20%～40%，就可以得到一颗星。以此类推，如果防晒剂对UVA的防晒力达到UVB防晒力的90%～100%，则得到五颗星。所以星星越多，代表防晒的均匀度越好！

防晒产品的抗水性

防晒产品最怕什么？答案通常是水。试想，流汗或者是泡水后，防晒剂脱落，防晒的效果自然就大幅下降。若你都在室内活动，防水性相对就不重要，但如果你是要在户外从事大量流汗的运动，甚至是水上活动，产品的防水性就不能忽视了。不然擦了“贵松松”的防晒产品，一跳进水里就通通掉光，不就是擦心酸的吗？

目前市面上有关防水功效的标示仅有“抗水性”及“非常抗水性”两种，但认证标准却分成了美国系统的FDA标准以及欧洲系统的COLIPA标准。这两个系统都不会直说防水(Water-Proof)，因为**实际上不可能达到“防水”，顶多只能“抗水”。**“防水”得像潜水表这类精密器材，实际测试过可以在深达若干米的水中不会进水才能这样宣称。所以你以后看到防晒产品宣称“防水”，基本上就先不要考虑买不买了，保证唬烂！

但这两种系统的检测方式稍有不同，有兴趣的人请参考以下表格：

抗水性（Water Resistance）认证标准

条件 \ 抗水性标准	COLIPA 系统	FDA 系统
水温	29℃ ± 2℃	23℃ ~ 32℃
浸泡程度（共泡水 40 分钟）	浸泡 20 分钟，重复两次，中间休息 15 分钟。(无使用毛巾擦拭)	浸泡 20 分钟，重复两次，并各休息 20 分钟。(无使用毛巾擦拭)
标准	若仍保有 50% 以上的保护力，则以原系数标示。	以当下测得的系数为准标示。

非常抗水性（Very Water Resistance）认证标准

条件 \ 抗水性标准	COLIPA 系统	FDA 系统
水温	29℃ ± 2℃	23℃ ~ 32℃
浸泡程度（共泡水 80 分钟）	浸泡 20 分钟，重复四次，中间休息 15 分钟。(无使用毛巾擦拭)	浸泡 20 分钟，重复四次，并各休息 20 分钟。(无使用毛巾擦拭)
标准	若仍保有 50% 以上的保护力，则以原系数标示。	以当下测得的系数为准标示。

若原有 SPF30 的防晒剂依此操作之后只剩下 SPF15 的防护力（仍保有50%以上的保护力），在 COLIPA 可认证标示为 SPF30 WR/VWR，但在 FDA 则只能标示为 SPF15 WR/VWR。可见 FDA 的标准较为严格。

针对上表再加以简单解释如下：

FDA

1. 泡水二十分钟，重复两次后，以当下测得的SPF系数为准标示(Water Resistance)。
2. 泡水二十分钟，重复四次后，以当下测得的SPF系数为准标示(Very Water Resistance)。

COLIPA

1. 泡水二十分钟，重复两次，若仍有50%以上保护力，则以原系数标示(Water Resistance）。
2. 泡水二十分钟，重复四次，若仍有50%以上保护力，则以原系数标示(Very Water Resistance)。

换句话说，标示Water Resistance是泡了四十分钟后的结果，Very Water Resistance是泡了八十分钟后的结果。FDA的标准比较严格，要求把“被水影响后”的真实防晒系数标示出来，但COLIPA的认证只要求达标，就是以泡水前的系数为标示。但实际上，会标出产品究属哪一种系统测试的厂商少之又少，法令上也没有规范必须标示，如果想做第三方的公正抗水测试，目前台湾的SGS（SGS是公认的专业、质量和诚信最高标准的全球基准，总部在瑞士日内瓦。）却无法执行。所以**这部分是检测的死角，值得你我多多注意。**

防晒指标的信任漏洞

但本篇讲了这么多，即使你全都搞懂了、记清楚了，实际仍得要面临一个大问题：**“厂商标示的防晒系数不一定是真的！”**这是由于目前所看得到的标示都是厂商自行提出资料，政府就让它标示，并没有主动复验的机制。这些指标所呈现的数值，除了倚赖厂商的诚信以外，测试方法不同（人体或体外测试就差很多）也会造成影响。一律进行人体测试，或用更精准的方式进行体外测试，应该是合理的要求，但这些检验的成本很高，甚至可能成为照妖镜，要是检验出来结果不好，不是变成花钱打自己嘴巴吗？因此多数厂商实在没什么动机去复验。

你可能还记得先前有则新闻，是邱品齐医师检验了一系列产品，结果许多知名品牌中箭落马。MedPartner团队在大家的支持下，也送验近二十项市面上的防晒产品，陆续公布了结果，也针对这个结果告诉大家如何利用科学化的指标来客观地挑选适合自己的产品。对此有兴趣的读者，欢迎到“美的好朋友”网站(https://www.medpartner.club)再进一步了解。

总之，挑选防晒产品必须注意“防晒强度”“防晒广度”以及“防晒均匀度”三个方面，如果会大量流汗或要进行水上活动，就要再注意“抗水性”。邱品齐医师对于防晒产品曾订定建议标准，这也是MedPartner团队认同的方向，我们稍加编排让大家参考：

“保养是科学，不是仪式。”把看奇怪业配跟美妆博客文章的时间，挪出一些好好看懂我们的系统教学文，才有可能让自己的保养省钱、安全、有效啊！

防晒强度		防晒广度	防晒均匀度
UVB	UVA	Critical Wavelength 临界波长、关键波长 (体外测试)	Boots star rating (体外测试)
SPF (人体测试)	PPD (人体测试)		
	PA (人体测试)	UVA (体外测试)	UVA (体外测试)

	基本级	进阶级
必须	SPF(20、25、30)	SPF(50、50+)
二择一	PPD(8~16)	PPD(≥16)
	PA +++	PA ++++
必须	临界波长 (370~380nm)	临界波长 (≥380nm)
必须	Boots star (***)	Boots star (****~*****)
选择性监测	UVA	UVA
选择性监测	抗水性 (Water Resistant)	非常抗水性 (Very Water Resistant)

资料来源感谢邱品齐医师整理

1. 挑选防晒产品要注意“防晒强度”“防晒广度”“防晒均匀度”以及“抗水性”等指标。
2. 防晒产品只是让人“延后”晒红、晒伤，实际上“当下的紫外线指数”、还有“自己的肤质”，都会左右晒红、晒伤的时间。

别当冤大头，
衣物防晒系数不可不知

很多人都在问：防晒衣物到底有没有用？值不值得买？要回答这个问题之前，就一定要搞懂被称为“衣服的防晒系数”UPF(Ultraviolet Protection Factor)指标。若能认真理解这篇文章，你就不会傻傻去买UPF数字最高或者价格最贵的产品。

衣物如何达到防晒效能？

如同防晒乳液，衣物要防晒主要也是靠着物理性（反射、折射紫外线）以及化学性（吸收紫外线后以热能形式释放）两种方式。目前常见的抗紫外线布料的纺织方式，可分为以下三种：

1. 原纱型：将可吸收或散射紫外线的原料（二氧化钛或氧化硅）混在织品内，再进行纺纱。理论上可持久抵抗紫外线。
2. 染整制程中添加：将布料染整后浸泡在抗UV化学剂料（紫外线吸收剂）中。但剂料会随着清洗过程流失，使得防晒效果逐渐下降。
3. 布料贴合：将隔离紫外线的材质贴在布料上。这种方式抗紫外线效果好，但透气度差，常用于阳伞。

事实上，即使是一般衣物，只要遮蔽了皮肤就能有防晒的效果，跟专门的防晒织品相比只是防晒功效程度上的不同而已。

常见抗紫外线布料的纺织方式

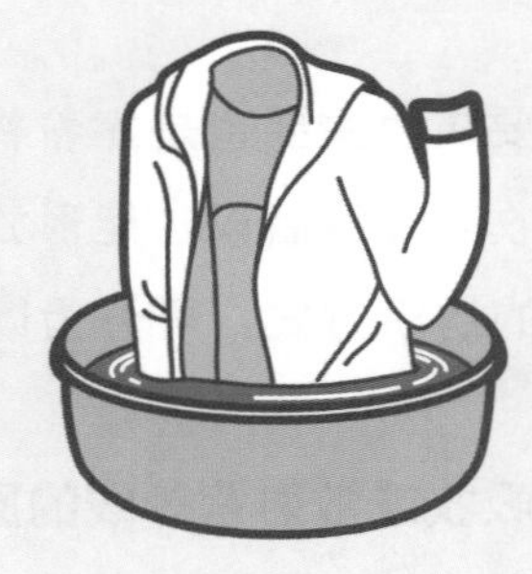

原纱型

将可吸收或散射紫外线的原料混在织品内(二氧化钛或氧化硅)，再进行纺纱，理论上可持久抵抗紫外线。

染整制程中添加

将布料染整后浸泡在抗UV化学剂料(紫外线吸收剂)中，但剂料会随着清洗流失，使防晒效果逐渐下降。

布料贴合

将隔离紫外线的材质贴在布料上。抗紫外线效果好，但透气度差，常用于阳伞。

紫外线防护指数(UPF)是什么？

防晒乳液的防晒效果可以用防晒系数(SPF)表示，之前的篇章提过，防晒最重要的ABC口诀中的C(Cover)代表曝晒在阳光下时，应为肌肤提供适当遮蔽物，例如撑阳伞、穿长袖衣物等。问题是如何判别这些遮蔽物的防晒效果！既然防晒乳可以测出防晒系数，为什么衣物不能也有防晒系数呢？因此澳大利亚科学家就提出了方法来测量衣物的防晒效能，也就是本篇的主角——紫外线防护指数UPF，希望提供客观的指标让民众参考。

UPF的测量方式，其实跟SPF的概念一样，是将受试者的肌肤，一边使用衣物覆盖，另一边则完全裸露，再使用紫外光照射后，观察皮肤变红的时间。假设没覆盖衣物的皮肤十分钟就晒红了，而有覆盖的另一边过三百分钟才晒红，UPF就是300/10=30。换句话说，UPF30代表该产品可以将晒红的时间“延长三十倍”。同理，UPF50的产品就是可以让你被晒红的时间延长五十倍。

但人体测试的方式毕竟比较昂贵，因此许多检测就采用体外测试。方式是使用波长280~400nm的紫外光照射一块标准布料，这块布料必须是“干燥”且“未被拉扯伸展”的状态，然后侦测穿透布料后所减弱的紫外线强度，代入公式来推算UPF的数值。公式放在本篇最后补充，你瞄过就好，不用背诵，考试不会考，重点在以下的文章。

UPF：紫外线防护指数

(Ultraviolet Protection Factor)

UPF：针对衣物的防晒能力指标

与 SPF 测量方式概念相同！

系数代表什么含义呢？

举例来说……

假设一边使用衣物覆盖
而另一边完全裸露

*使用紫外光
照射皮肤

衣物覆盖的这边
300 分钟后才晒红

皮肤裸露的这边
10 分钟后就晒红了

那么这件衣物的
UPF = 300/10 = 30

代表该产品
可将晒红时间
“延长 30 倍”！

UPF：紫外线防护指数
(Ultraviolet Protection Factor)

UPF 的另外一种体外测试方式

毕竟人体测试成本较高……

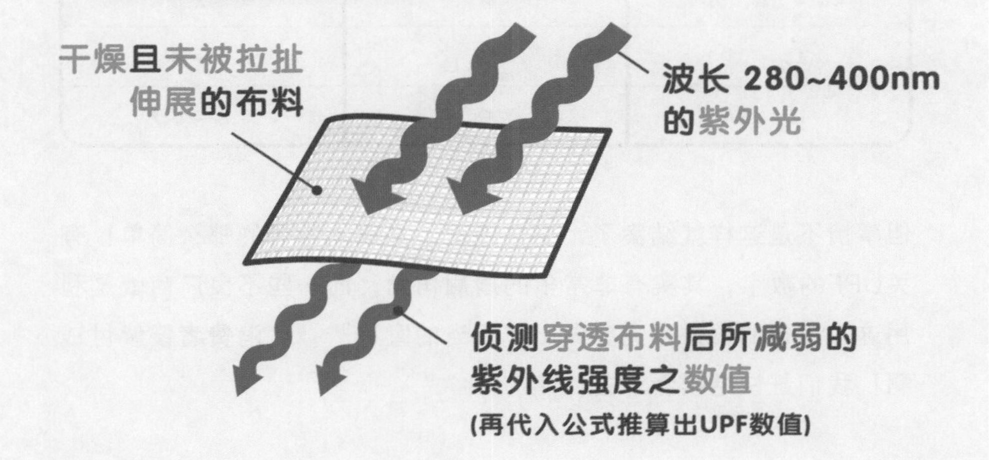

UPF最早从澳大利亚被提出后，美国以及欧洲分别都发展出自己的UPF测量方式，但重点是UPF测量出来之后，该如何分级？

下表是目前澳大利亚系统的等级标准。一般来说，市售衣物随便去测UPF都会有10以上，以欧洲的EN ISO 13758-2纺织品为例，就要求UPF必须达到40以上，且UVA穿透率必须低于5%才可以标示具有UV防护。台湾的相关标示法规是如何规定的呢？答案是：没有相关法规！所以到底怎么标示并没有政府定的规矩。

UPF 范围 (紫外线防护指数)	等级 Grade	紫外线穿透率 (%)
40 ~ 50、50+	A	≤2.5
25 ~ 39	B	2.6 ~ 4.1
15 ~ 24	C	4.2 ~ 6.7

但事情不是这样就结案了，事情绝对不是憨人所想的那么简单！有关UPF的数字，其实有非常多的眉眉角角，而一些不良厂商就是利用这些眉角的资讯不完整做出“不当的宣称”，让消费者傻傻付钱啊！我们赶快继续看下去！

UPF30真的代表能延后晒红时间三十倍吗?

先来一次随堂测验：UPF30代表该产品可以将晒红的时间“延长三十倍”，如果你撑一把UPF50的阳伞，可延后你晒红的时间五十倍，对吗?

说对的请出去教室外面罚站……

赶快回想一下，这个检测方式是怎么做的? 这是“干燥”且“未被拉扯伸展”的纺织品受检测计算出来的结果。所以当你流汗了，或者伸展了衣服，实际的防晒效果就不是原先的检测结果啰！很多防晒衣为了让人便于运动，剪裁得颇为贴身，你傲人的身材（我是说肚子，不要想歪了）很容易就会把它撑大。因此，非常多变数都会影响到“实际使用”时的UPF数值。又例如：

1. 衣服颜色：一般来说，深色比较能吸收紫外光，防晒效果比浅色好。
2. 编织方式／伸展度：编织较密或无伸展的衣物孔洞较小，防晒效果就比较好。
3. 衣物是否沾水：通常含水会降低散射紫外线的功能，降低防晒效果。

所以防晒衣物上所标示的数值，跟实际使用的状况会有一定程度的差距。特别是“非贴身衣物”，像是阳伞或者是帽子这类产品，即

影响实际 UPF 值的因素

Q：UPF 30 代表实际真的能延后晒红时间 30 倍吗？

A：没那么单纯！

许多变数都会
影响“实际使用”时的 UPF 值……

衣服颜色

一般来说深色较能吸收紫外光，防晒力较佳。

衣物是否沾水

通常含水会降低散射紫外线能力，降低防晒能力。

编织方式与是否伸展

编织密集或无伸展的衣物孔洞较小，防晒效果较佳。

标示数值与实际使用状况难免有一定程度的差距！

使产品本身有防晒功能，光线仍然会从没有遮蔽的方向照射到人身上。你如果以为拿着UPF50的阳伞就可以延缓晒伤时间五十倍，实际可能与你的想象会有很大差距，毕竟阳伞跟你皮肤有着一定的距离啊！但我们并不是要说这些产品没用，只要使用遮蔽物，对于防晒还是有一定程度的帮助的。

挑选防晒衣物的原则

如果要通过外在的遮蔽达到防晒效果，你仍然要分清楚自己是担心晒红、晒伤，还是晒黑、晒老。UPF测试的主要目的集中在防止UVB导致晒红、晒伤的情形，但对于预防晒黑的效果就没有那么显著，得要看个别产品的检测报告有没有提到对于晒黑、晒老的UVA防护功能。

另外最大的问题是，台湾缺乏相关法规来规范UPF的标示。MedPartner团队努力搜寻资料后，找到一份“经济部标准检验局”在2014年针对十五项防晒衣物的UPF检测，结果多数产品都被证明标示不实，最多的是夸大UPF数值，其中不乏知名品牌。但这份文件居然写着“仅供政府机关参考，请勿转载”。所暴露出的问题是，台湾的法规不足，且政府不是不知道问题，而是没有设法去解决问题。所以凡是厂商标示的数值，目前我们实在不敢保证一定可信，因为连政府也不知道到底可不可信。

总之，依照下述原则就错不了了。如果你必须**在上午十点到下午两三点这段时间承受长时间曝晒，使用防晒衣物、防晒阳伞等产品都有其必要。颜色选择建议以深色为主，材质尽量紧密**就对了。

小贴士

UPF体外测试换算公式

$$\text{UPF (or 1/P)} = \frac{\sum_{\lambda=280}^{400} E_\lambda \times S_\lambda \times \Delta\lambda}{\sum_{\lambda=280}^{400} E_\lambda \times S_\lambda \times T_\lambda \times \Delta\lambda}$$

- E_λ：特定波长紫外线之致红斑系数
- S_λ：特定波长紫外线之放射能量
- T_λ：特定波长紫外线之穿透率
- $\Delta\lambda$：波长间隔
- λ：波长

常见UPF测试标准：

- 欧盟：BS EN ISO 13758-2
- 澳大利亚／新西兰：AS／NZS
- 美国：AATCC 183／ASTM D6544／ASTM D6603

防紫外线性能检测标准差异表

	美国标准 AATCC 183-2014	中国标准 GB/T 18830-2009	欧盟标准 EN 13758-1:2001 +A1:2006 (E)	澳大利亚/新西兰标准 AS/NZS 4399:1996
适用范围	干态、湿态、 拉伸状态的织物	所有纺织品	服装面料	干态且非拉伸态的 未处理纺织品
样品数量	2 (一干一湿)	4	4	2 经 2 纬
样品放置	每次旋转 45° 共测试 3 次	随机放置	随机放置	随机放置
非均值 样品	每种颜色和结构 至少 1 个样品	每种颜色和结构 至少 2 个样品	每种颜色和结构 至少 2 个样品	每种颜色 至少 1 个样品
调湿	需要	需要	需要	不需要
试验环境	温度 21℃ ± 1℃ 相对湿度 65% ± 2%	温度 20℃ ± 2℃ 相对湿度 65% ± 4%	温度 20℃ ± 2℃ 相对湿度 65% ± 4%	温度 20℃ ± 5℃ 相对湿度 50% ± 2%
参照的 日光光谱 辐照度	美国新墨西哥州 Albuquerque 市 7月3日夏季中午	美国新墨西哥州 Albuquerque 市 7月3日夏季中午	美国新墨西哥州 Albuquerque 市 7月3日夏季中午	澳大利亚 墨尔本市 1月1日夏季中午
测试波长	280~400nm	290~400nm	290~400nm	280~400nm
最小 波长间隔	2nm	5nm	5nm	5nm
修正标准 偏差	否	是	是	是
防紫外线 要求	UPF ≥ 15 分三类防护等级 15~24 良好 25~39 很好 ≥ 40 极佳	UPF > 40 UVA 平均透射率 < 5%	UPF > 40 UVA 平均透射率 < 5%	UPF ≥ 15 分三类防护等级 15~24 良好 25~39 很好 40~50, 50+ 极佳

资料来源：苏州长丝织造公平贸易工作站

1. 即使是一般衣物，只要遮蔽了皮肤就能有防晒的效果。
2. 衣服颜色、编织方式与伸展与否、衣物是否沾水，这些因素都会影响到“实际使用”时的UPF数值。
3. 只要上午十点到下午两三点这段时间得长时间曝晒，请务必使用防晒衣物、防晒阳伞，颜色建议以深色为主，材质越紧密越好。

MedPartner PROJECT

CHAPTER5

美白篇

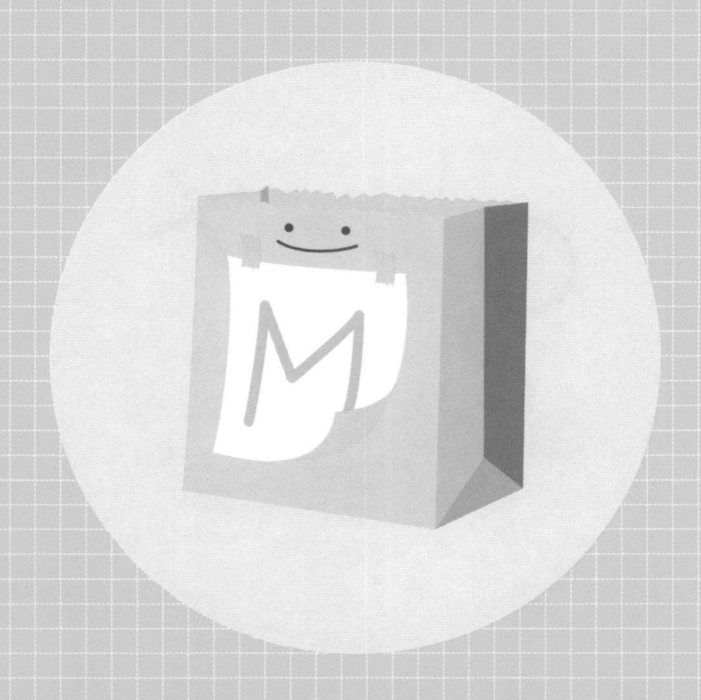

人家好想变白！如何让皮肤看起来更白？

到底要怎么做才能美白？相信这也是许多人最想知道答案的问题。美白如果很简单就能做到，世界上还需要这么多美白产品吗？所以事情当然没这么简单。如果只是随便讲讲，就是放任更多人继续被各种美白产品欺骗，所以我们一定要从最基本的原理讲起，让你搞清楚。

皮肤的颜色是怎么来的？

要回答这个问题前，首先要定义你所“看到的颜色”。

平常你看到的白光其实是不同颜色的光混合而成的，在1666年，头壳被苹果砸到的那位老兄牛顿，就曾用三棱镜来玩太阳光，发现光可分成很多种颜色。而你看到什么颜色，取决于什么颜色的光进入你的眼睛。

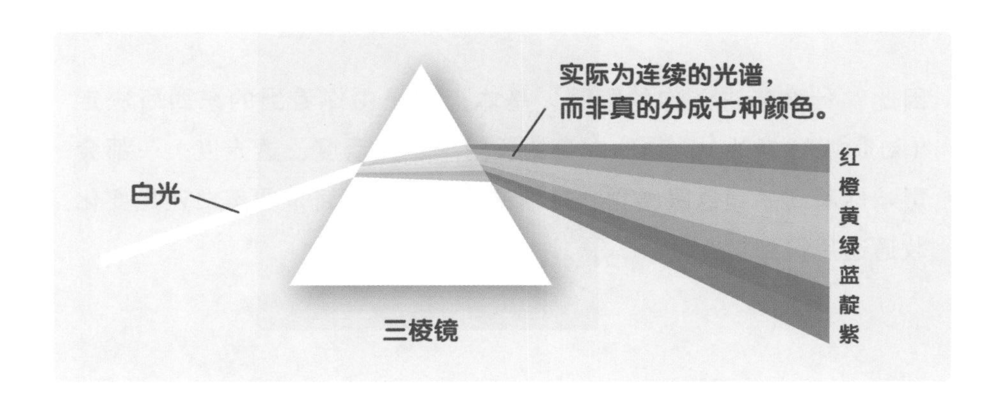

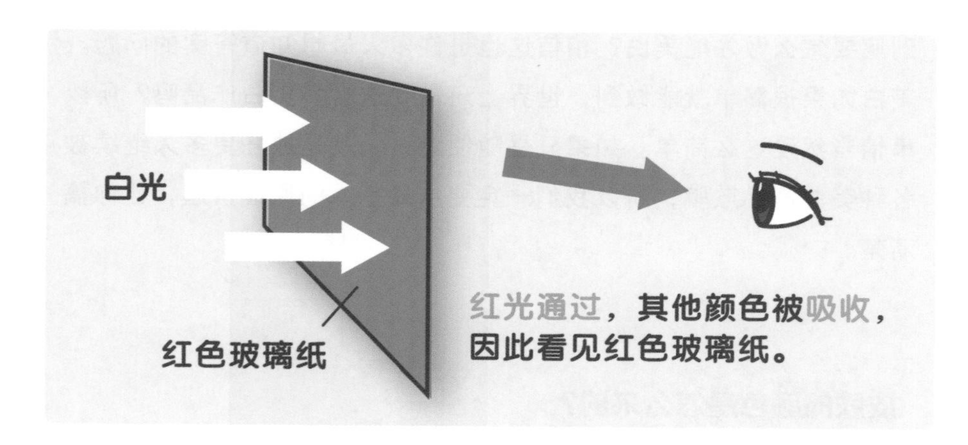

我们可以将物质基本上分成“透光”跟“不透光”两种。透光物质会让某些色光通过而吸收其他色光。你看到红色玻璃纸之所以是红色，就是它能让红色光通过，却吸收掉了其他颜色的光。

不透光物质则会吸收色光，选择性让某些色光反射回去。所以你看到芭乐是绿色，那是因为其他颜色的光被吸收，只有绿色光被反射回去。

因此，什么光进入你的眼睛，基本上就是由你看到的东西所决定（幻觉或错觉除外），物体本身的反射率、光滑度、透光度……都会影响你看到的颜色跟感觉。搞懂这些道理，不管是要美白还是要化妆通通用得到！

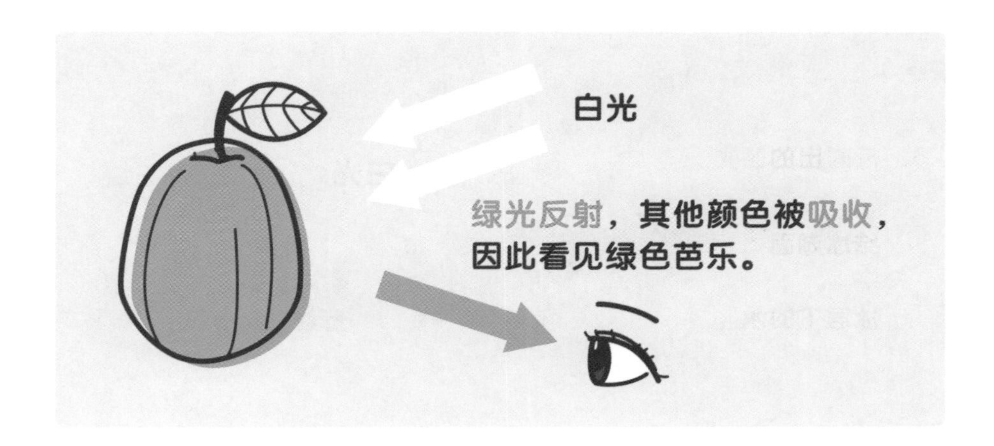

试想一下，不平整的柏油路面跟光滑的结冰湖面，在视觉上会有什么差别?

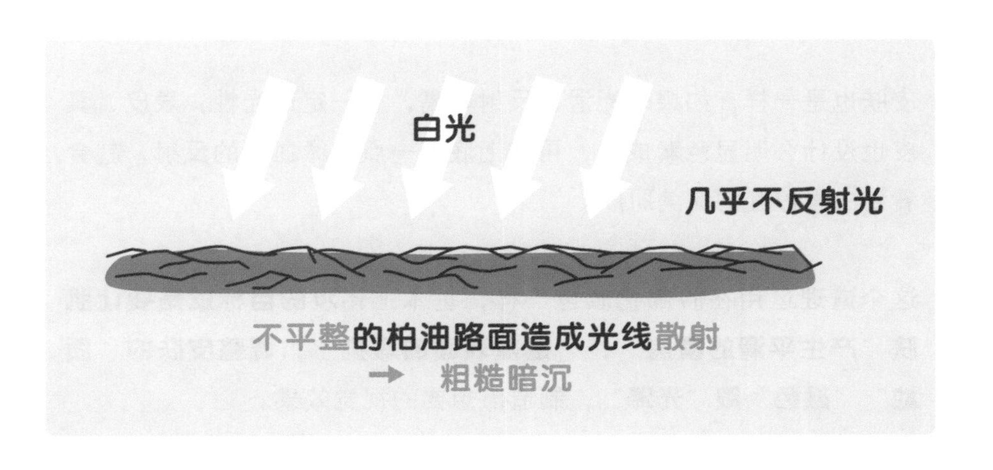

不平整的路面会产生很多散射，光线也不容易穿透柏油，路面几乎不反射光，所以你就会看到粗糙而且暗沉的表面。

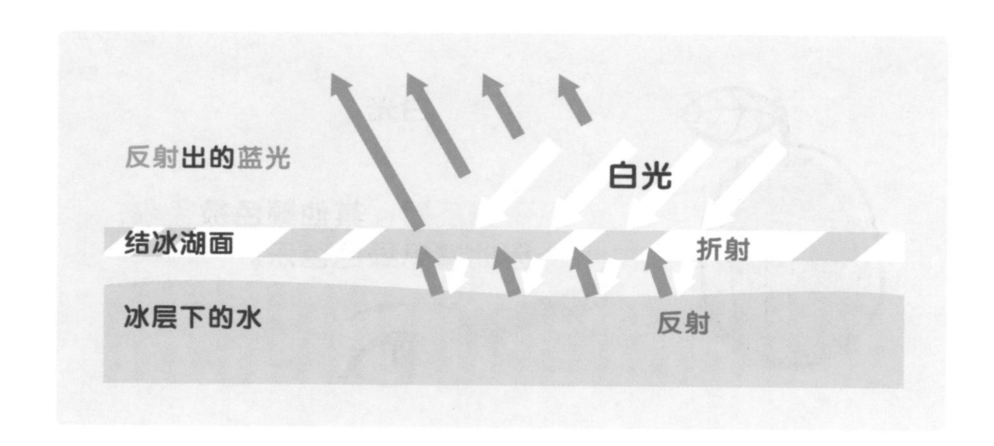

光滑的结冰湖面不太会有散射，光线很容易通过去，经过折射到冰底下的水面，再反射出水蓝蓝的颜色。所以你就会产生光亮、平滑、水水蓝蓝的感觉。

皮肤也是一样，如果表光滑、反射率高，有一定透光性，表皮、真皮也没什么明显色素成分，再加上底下一点点微血管的反射，就会看到白里透红的完美肌肤。

这个道理运用在脸部化妆也一样，基本上**化妆的目标就是要让肌肤“产生平滑的覆盖”，“遮盖表面的瑕疵”，调整皮肤的“质地”“颜色”跟“光泽”**，制造出想要的视觉效果。

白里透红的要素与方法

假设我们最期待的皮肤是白里透红的水煮蛋肌肤（水煮蛋肌肤不是唯一的美学标准，所以才说是“假设”，小麦肌肤也很好看啊），皮肤的结构应该要长成什么样子，才能看起来是白里透红呢?

我们赶快再来看清楚皮肤的结构。

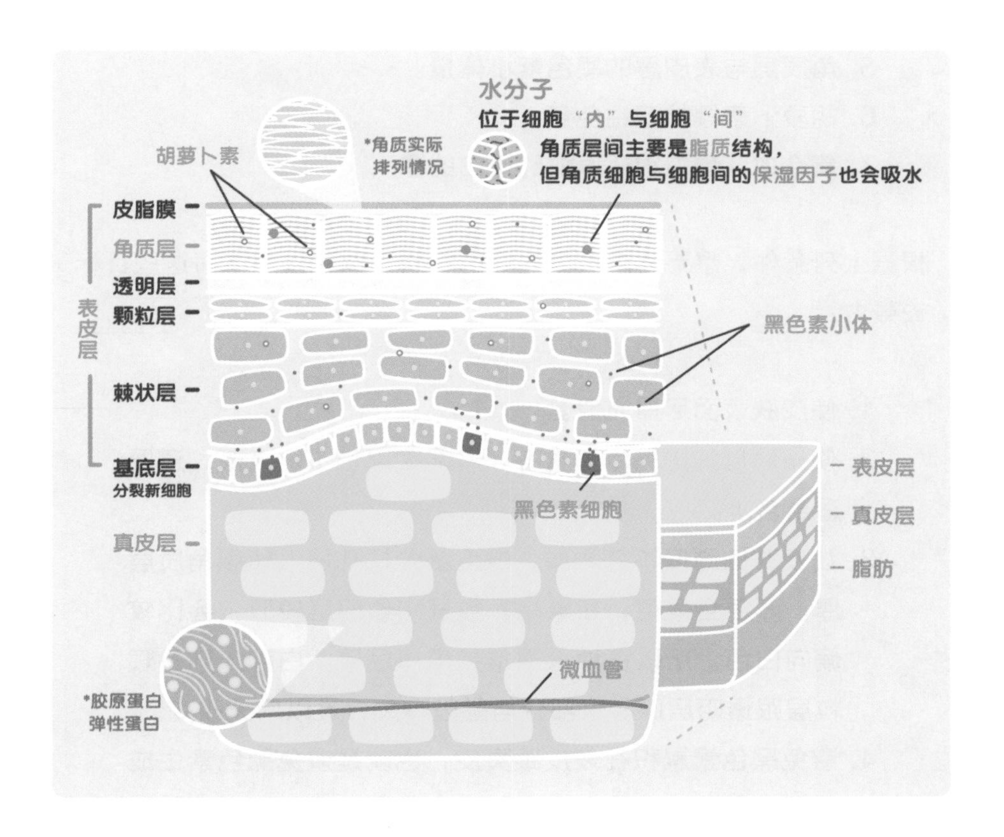

有了上面的概念，你就会知道皮肤看起来是什么颜色共同取决于：

1. 皮肤表面的光滑或粗糙程度（会影响光线在皮肤表面的散射程度）。
2. 角质层的排列情形（想象碎石子地板与排列很好的水磨石地板）、含水程度。
3. 皮肤厚度。
4. 真皮层的厚度与含水程度。
5. 角质层与表皮层的黑色素小体量。
6. 胡萝卜素等外源性色素。
7. 氧合血红蛋白跟还原血红蛋白的量。

根据上列条件，想要追求白里透红的肌肤，你可以朝下面这些目标去努力：

1. 使皮肤表面尽量光滑。
2. 使角质层的排列尽量整齐，不能太厚也不能太薄，还要适当含水。
3. 让皮肤的厚度不能太厚，但皮肤分好几层，如果角质层厚，颜色会偏黄；如果是颗粒层和透明层较厚，会比较偏向白色。所以黄种人通常是角质层厚，白种人则是颗粒层跟透明层厚。这部分与基因有关，难以后天改变。
4. 避免黑色素累积在表皮跟真皮，也就是避免黑色素生成与促进代谢。

5. 减少摄取胡萝卜或木瓜，以免造成胡萝卜素的累积。
6. 皮肤薄，透光率会比较高，就会显露下面组织的颜色。皮肤厚则透光率低，只能看到角质层沉积的黑色素或胡萝卜素，就会看起来比较黑或偏黄。
7. 提高氧合血红蛋白含氧量，皮肤就能比较红亮一点。还原血红蛋白则会导致皮肤比较暗黑一点，常见的血管性黑眼圈其实就是皮肤薄加上还原血红蛋白多造成的。另外，给予强烈的血管收缩素使血管缩起来，看起来自然也会变白。

接下来，再以下页图片来比较黑黄皮肤与透白皮肤的差异，你应该就更容易理解“美白”是怎么回事了。

看到这里，你还觉得“美白”是简单的事情吗？要知道凡是“多因素”造成的问题，要解决一定不简单。但即使如此，我们还是可以从中找到相对容易的解决办法，不要急，继续看下去。

上文提到了黑色素的坏处，好像没了黑色素，你的人生就圆满了。但亲爱的，你听过“白化症”或“白子”吗？那就是缺乏黑色素导致的疾病。此外，你知道有人打激光打到皮肤出现白斑吗？这就是因为打过头把黑色素母细胞都打死了啊！黑还有得救，这种白斑是真的非常难以救得回来啊！

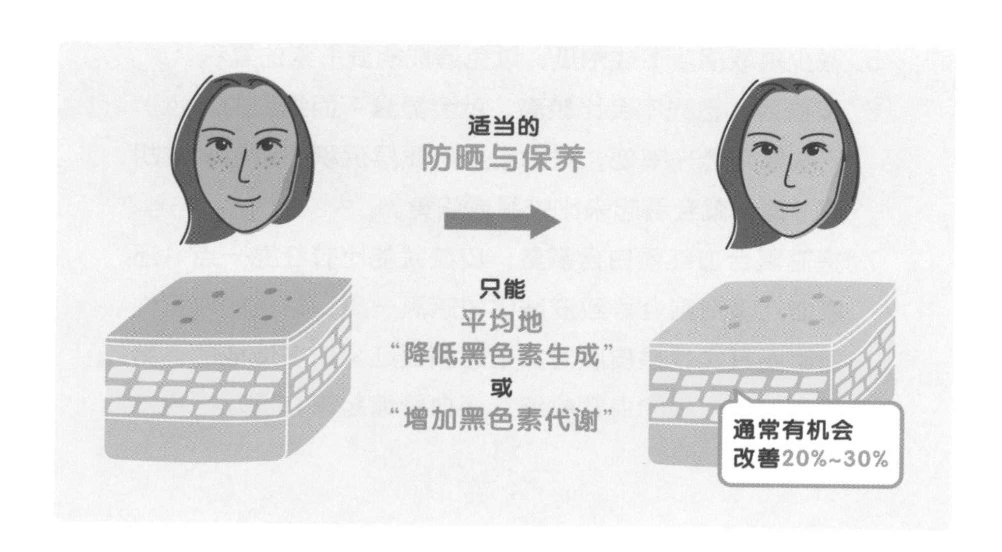

所以千万不要把黑色素想成十恶不赦的坏人。反之，黑色素是跟你互相依存，一辈子都要取得微妙平衡的伙伴喔！

黑色素其实不是坏人？

社会上没有什么真正的好人或坏人，要看你从什么角度评判他。这句话好像很有哲理，在黑色素身上，就真的是这样。

人体为什么要有黑色素？其实黑色素是阻止紫外线对皮肤造成伤害的主要帮手，**黑色素就像是挡子弹一样帮你吸收着紫外线，而且也会帮你清除皮肤内的自由基。**皮肤内的自由基会攻击胶原蛋白和弹力蛋白，造成这些宝贵的蛋白质变性或老化；自由基也会攻击细胞核的DNA，如果DNA复制出错，可能就会导致皮肤癌。

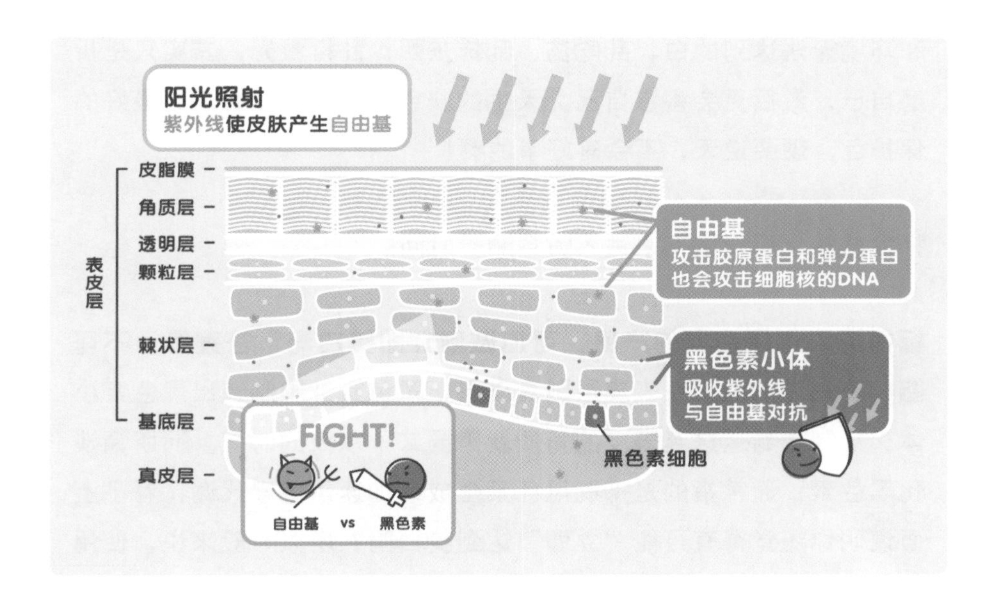

你的肤色为什么会是现在的这个颜色，其实是有其道理的。从演化物竞天择的概念来看，处在地球上不同地区，每个种族的日光曝晒程度不同，自然就产生了不同的黑色素含量。例如赤道附近的种族通常肤色很黑，反之，居住在高维度的种族皮肤就比较白。

所以你可以进一步想想，难道一定要皮肤白才算是好看吗？其实只

要均匀、有光泽、没有疾病，就是很棒的肤色！白人女性成年后皮肤崩坏的速度比亚洲人或黑人高很多，黑色素的量少，对紫外线防护力弱，胶原蛋白容易流失，就是其中一个因素。

许多台湾的女性虽然不特别白，但是非常健美又亮眼啊！可惜因为媒体的渲染、商业的宣传，导致很多年轻女孩病态地追求自己基因和环境无法达到的白，乱吃药、乱抹东西、乱打激光，其实只是折磨自己，最后更会害惨自己。天生的肤色就是大自然给人的最好的保护色，硬要逆天，不会有好事的啊！

抒发感触之后，接下来进入随堂测验时间。

标榜能淡化黑色素的产品，可能做到立即美白吗？答案是：不可能！要知道黑色素在表皮层跟真皮层，黑色素细胞制造出黑色素小体，从制造到运送至表皮的角质就需要二十八天的时间。而所谓淡化黑色素，通常指的是抑制黑色素生成或加速黑色素代谢，看了上面说明你还觉得有可能“立即”达到美白吗？所以一般来说，使用美白产品需要一个月的时间才能评估是否有效果。

你大概要反驳了，明明就有方法能立即产生美白效果，为何上文却说办不到？对此，请让我们举两个例子说明。

- 血管收缩素：瞬间让你的微血管收缩，自然就会看起来比较白啰！

- 果酸：有些化学剥脱剂（例如果酸）属酸性美白成分，可以除去皮肤表层的角质细胞。表皮的角质老化且比较不平整，又含色素，除去之后就可以快速感到美白、光滑。但长期使用可能引起慢性发炎，反而导致皮肤的屏障功能受损，形成“敏感性肤质”，衍生对光热敏感，皮肤发红、脱屑、紧绷、水分过度丧失等，反而加速老化。所以一般美白产品只能用3%以下浓度的果酸，20%以上高浓度果酸必须在医护人员指导下使用。

要注意的是，果酸只是让老化角质层剥落而产生美白效果，但对于基底层或真皮层的色素就处理不到啰！

小贴士

使用美白产品美白并不是一劳永逸，如果是使用作为黑色素还原剂作用的美白产品，其实只是还原了黑色素，一旦停用，黑色素就会回到氧化状态，颜色就会又变黑回来。

不花钱就可以美白的方法

- 防晒：这一条没做到，其他都不用说。
- 适度保湿：如果洗完脸却感觉过度干涩，建议更换温和一点的洗面乳。若还是觉得干涩，可以适度使用保湿产品。

- 多喝水：每天至少要喝足两千毫升的水。
- 避免食用含糖太多的食物或饮料：糖化蛋白终产物AGEs是导致肌肤老化跟许多慢性病的原因，所以千万要尽量避免食用太甜的食物或饮料。
- 不熬夜：正常的生理时钟能让内分泌处于平衡状态，对于抗老很有帮助。
- 不抽烟：抽烟真的只能说一个字——惨！抽烟造成的皮肤影响，你自己去网上查查抽烟跟皮肤，就会看到一堆惨照了。这么确定的证据还不信邪，就没人救得了你了！
- 多运动：运动可以帮助新陈代谢，排除皮肤内的废物。对全身的健康也有帮助。
- 多吃抗氧化食物：黄、红、橘、绿的深色蔬菜水果通常含有大量抗氧化物质，可以帮助身体对抗自由基。洋葱、大蒜也都有不错的效果。

“防晒”实在太重要了，一定要再讲一遍！防晒是所有抗老跟美白的基本功，这件事一定要做到！

1. 防晒是抗老跟美白的天字第一号基本功，做不好防晒其余免谈。
2. 黑色素可以降低紫外线对皮肤造成伤害，也会清除皮肤内的自由基，千万不要一味想除去它。
3. 长期使用果酸可能引起慢性发炎，导致皮肤的屏障功能受损，形成“敏感性肤质”，反而加速老化。

美白淡斑全攻略之核心破解：黑色素机制

前一篇强调过黑色素不是坏东西，你要跟它长久保持稳定的关系。但偏偏许多人对于美白会追求比“天生自然肤色”还要更白，为此往往要付出过多的代价，甚至赔上健康；殊不知若是在“天生自然肤色”范围内的白，你大有机会可以成功。

本篇要讲的主角就是“黑色素”，再从黑色素延伸讨论到底美白淡斑产品哪些有用，又是如何起作用。想要白，就要先知道黑色素如何生成、如何运输、如何代谢，才有可能搞懂哪些产品（或药品）可以美白，哪些产品（或药品）是胡说八道！按老规矩，一样从最基本的生理跟解剖说起，你搞懂之后，程度不够好的柜姐跟美容师对你大肆推销可能都会被你惨电啊！

黑色素的生成、运输与代谢机制

黑色素细胞分布在皮肤的表皮层，功用就是制造黑色素。在接受刺激的状态下，黑色素细胞就会活化，开始制造黑色素。凡是身体内的变化，不论是内分泌失衡、怀孕、罹患肝病甚至肿瘤，都可能诱发黑色素细胞活化；至于身体外的状况，例如暴露在紫外线下、接触光敏感性物质、使用药物、发炎、摩擦或是涂抹不良的化妆品，也都会诱发黑色素细胞活化。其中UVA不只会导致晒黑，还会促使皮肤老化，UVB则会导致晒红还有晒伤。

活化后的黑色素细胞，就开始制造黑色素。

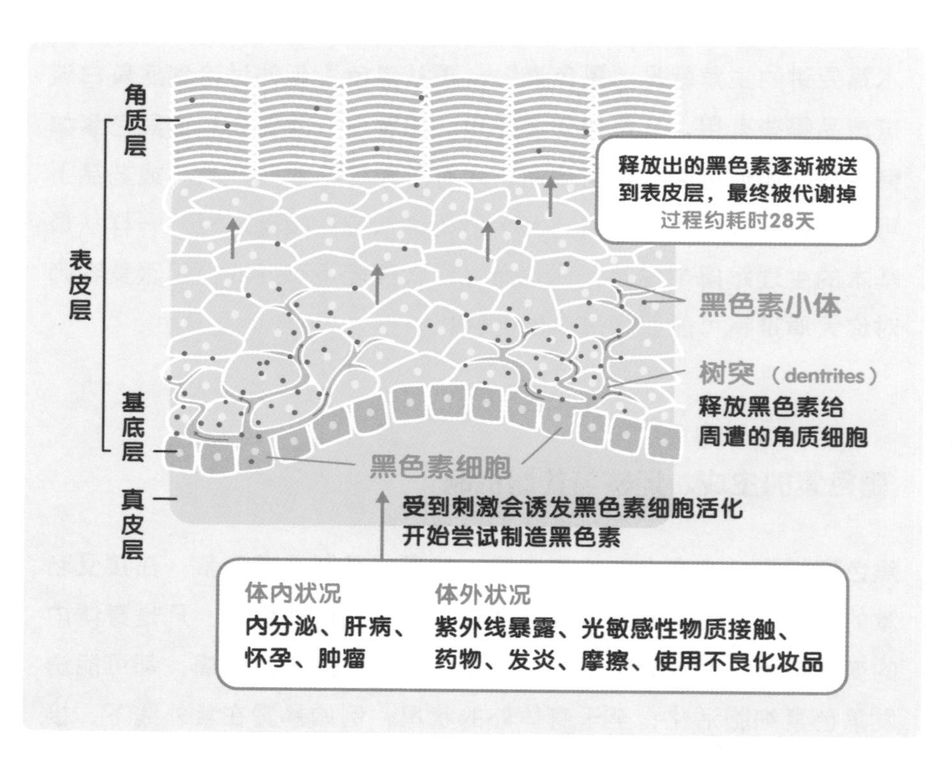
角质层
表皮层
基底层
真皮层
释放出的黑色素逐渐被送
到表皮层，最终被代谢掉
过程约耗时28天
黑色素小体
树突（dentrites）
释放黑色素给
周遭的角质细胞
黑色素细胞
受到刺激会诱发黑色素细胞活化
开始尝试制造黑色素
体内状况
内分泌、肝病、
怀孕、肿瘤
体外状况
紫外线暴露、光敏感性物质接触、
药物、发炎、摩擦、使用不良化妆品

要制造任何东西，首先要有原料啊！制造黑色素最重要的原料就是酪氨酸(Tyrosine)，大家都知道身体内的重要化学反应，几乎都需要“酵素”来促进反应，这里的酵素就是酪氨酸酶(Tyrosinase)。（看清楚，不是酪氨“酸梅”啊！千万不要来信问说吃酸梅有没有效，我们会想哭……）

在黑色素细胞内的麦拉宁小体（就是黑色素小体）内，酪氨酸会先被合成为多巴(DOPA)，再被转换成“褐黑色素”或“真黑色素”（一般统称黑色素）。如果是黑人，就会转换成“真黑色素”；如果不是黑人，通常是转换成“褐黑色素”。接着黑色素细胞的突触会把黑色素传给周遭的角质细胞。被释放出的黑色素就逐渐被送到表皮层，再移往表皮，最终被代谢掉。

黑色素从制造到运抵角质，需要大约二十八天，所以若美白产品的主打作用在黑色素的话，会需要一个月的时间才能评估有没有效果。但**如果该产品立刻有效的话，表示它一定不只作用在黑色素而已，你就得注意了！**

黑色素分布不均，集中在一起就成为“斑”。斑的区域完全不见黑色素，就变成“白斑”。如果非得从中二选一，勉强还可以接受“斑”。色素斑可以使用药物淡化或以激光处理，但真的没黑色素的白斑就很难搞定了。

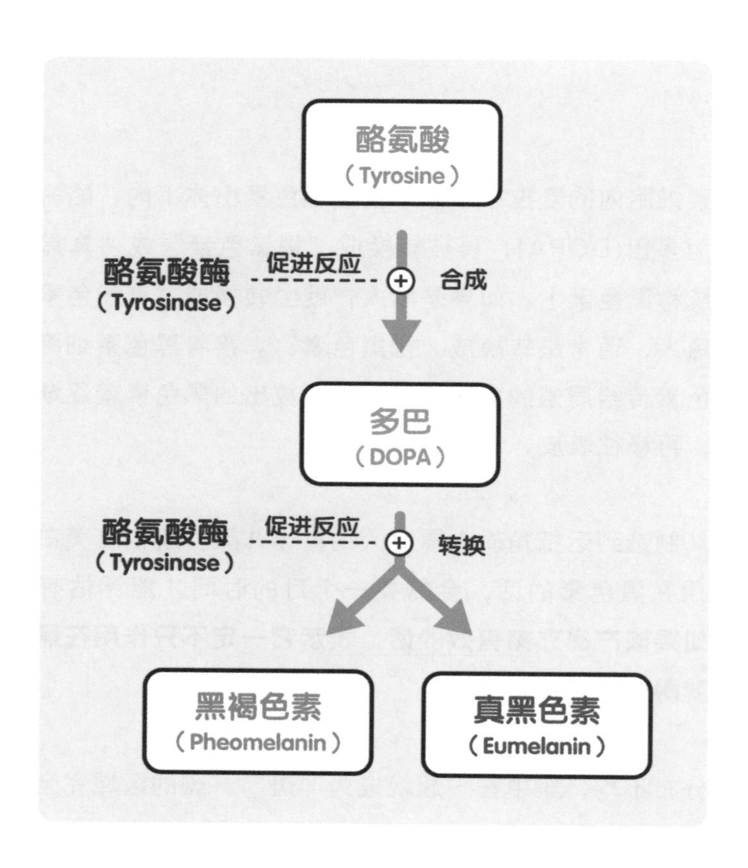
酪氨酸
（Tyrosine）
酪氨酸酶
（Tyrosinase）
促进反应
合成
多巴
（DOPA）
酪氨酸酶
（Tyrosinase）
促进反应
转换
黑褐色素
（Pheomelanin）
真黑色素
（Eumelanin）

看到这边，聪明的你，一定知道要怎么处理黑色素了：

- 在黑色素合成之“前”，先攻中路，直接让酪氨酸酶减少产生！
- 在黑色素合成之“中”，抑制酪氨酸酶，让黑色素难以合成！
- 在黑色素合成之“后”，抑制黑色素小体转移，或者加速皮肤更新！

详细的机制其实不止这些，上述只是大概方向。真的很有兴趣、想多了解的人，可以参考下页资料，列出了许多淡斑药剂在黑色素合成路径中的作用与效果。

要特别注意，列表里面有不少是“医师处方用药”！请一定要经过医师诊视开立处方才能使用，千万不要自己乱搞，不然最后黑色素细胞整个被“干掉”，出现了白斑，保证你欲哭无泪。

淡斑还分先天、后天？

搞懂什么是黑色素后，接下来你一定会想知道如何处理斑。在解答问题之前，你要先搞清楚自己的斑是“先天性”的还是“后天造成”的。

淡斑药剂与在黑色素(melanin)合成路径的作用效果

黑色素合成之前

- **酪氨酸酶转录 (Tyrosinase transcription)：**
  维生素 A 酸 (Tretinoin)

黑色素合成的过程

- **抑制酪氨酸酶 (Tyrosinase inhibition)：**
  对苯二酚 (氢醌，Hydroquinone)
  对羟基苯甲醚 (4-Hydroxyanisole)
  4-S-半胱胺基酚 (4-S-CAP, a-S-cysteaminylphenol) 及其衍生物
  熊果素 (Arbutin)
  芦荟苦素 (Aloesin)
  杜鹃花酸 (壬二酸，Azelaic acid)
  曲酸 (Kojic acid)
  油甘子萃取物 (Emblica)
  西酸模萃取物 (Tyrostat)
- **抑制过氧化酶 (Peroxidase inhibition)：**
  酚类 (Phenols)
- **减少产物并清除活性氧族 (Product reduction and ROS scavengers)：**
  抗坏血酸 (维生素 C， Ascorbic acid)
  抗坏血酸棕榈酸酯 (Ascorbic acid palmitate)

黑色素合成之后

- **分解酪氨酸酶 (Tyrosinase degradation)：**
  亚麻油酸 (Linoleic acid)
  α-次亚麻油酸 (α-Linolenic acid)
- **抑制黑色素小体转移 (Inhibition of melanosome transfer)：**
  丝氨酸蛋白酶抑制素 (serine protease inhibitor)
  卵磷脂 (Lecithins) 与拟糖蛋白 (neoglycoproteins)
  大豆/牛乳萃取物 (Soybean/milk extracts)
  烟碱酰胺 (Niacinamide)
- **加速皮肤更新 (Skin turnover acceleration)：**
  甘醇酸 (Glycolic acid)
  乳酸 (Lactic acid)
  亚麻油酸 (Linoletic acid)
  甘草苷 (Liquiritin)
  维生素 A 酸 (Retinoic acid)
  散大蜗牛（俗称“智利螺旋蜗牛”，Helix aspersa M ü ller）

Reference：《药妆品学》(*Cosmeceuticals*,2nd edition)

先天性的斑，必须从色素的颜色、深度、根本病因，决定处置的方式，服用药物或施打激光都是可能的治疗选项。如果是基因或其他内科疾病所产生的斑，斑点会持续产生，未必能够根治。常见的咖啡牛奶斑、胎记、太田母斑、颧骨母斑等，都属于先天性的斑。

后天造成的斑就比较有机会预防。最常见的雀斑、晒斑这类后天斑，都算相对好处理的。但肝斑就比较麻烦，通常需要积极预防加上多种治疗方式多管齐下。

依据前述，你应该能理解既然都形成“斑”了，就代表“黑色素的生成或分布不均”。**任何的防晒跟保养，只能“平均地”降低黑色素生成或增加黑色素代谢**，对于已经形成的斑，效果有限，这时就需要寻求专业治疗。

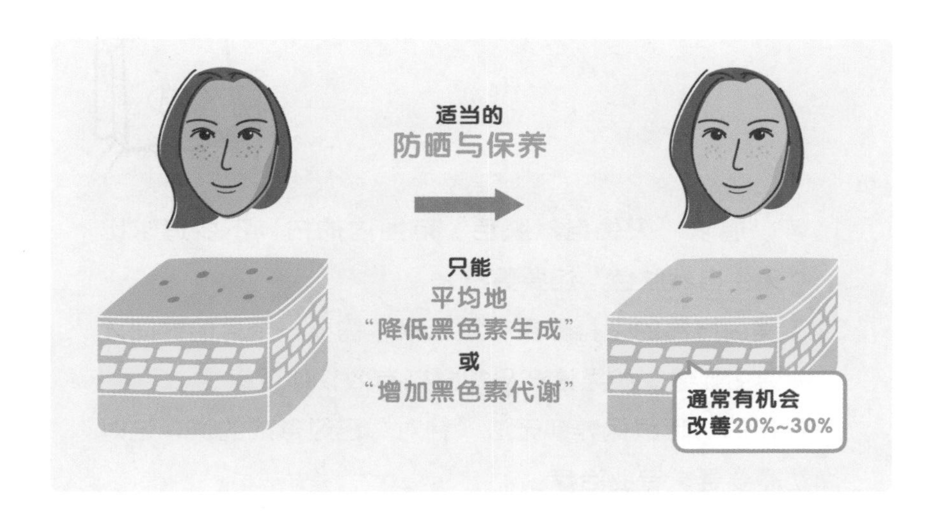

1. 可以追求“天生自然肤色”范围内的白，不要追求比“天生自然肤色”还要更白。
2. 若美白产品的主打作用在黑色素，需要一个月的时间才能评估效果。如果该产品却立刻有效，你就得注意了!
3. 任何的防晒跟保养都无法“针对”已经形成的斑，这时就需要寻求专业治疗。

面膜人人爱用，它是最有效的美白用品吗？

当我们在检视美白产品有没有作用之前，你一定要先搞清楚以下五点原则，不然你可能还是会被商业话术所蒙蔽！

1. 作用的活性物质是什么？
2. 作用在美白机制的哪个部分？
3. 除了作用之外，会有什么副作用？
4. 作用可以维持多久？
5. 作用跟该产品宣称有效／很贵的成分有没有关系？（例如：“胶原蛋白美白霜”卖你三千元，结果有效成分是里面的维生素C，而维生素C只要两百元就可买到；反而是胶原蛋白只用来保湿，却卖你两千八百块？）

大家知道买东西要考虑性价比，但如果你只看得懂cost（标价），根本不懂performance（表现），你到底是买到了什么？

台湾人为什么这么爱面膜？

台湾人爱用面膜的程度绝对在世界上排名前几位。台湾面膜的制造技术也算是世界闻名，出口值逐年大增长。特别是在“我的美丽日记”这个品牌推出之后，平价面膜在市面上疯狂兴起，好像大家真的都用面膜写日记一样。但是以医师的角度来看，其实并不乐见这样的情形发生。

如果成分适当、使用适当，面膜确实是能有所帮助的保养品，但是它的**效果仍取决于产品的成分、性质，还有你自己的肤质。**保养的核心观念在于“聪明保养”，你只要多加注意就会发现出问题的几乎都是不动脑的保养方式，如果你只看了广告就拿自己的脸用各家厂商的面膜写日记，保证是赔了夫人又折兵。

话说回来，到底为什么台湾人这么喜欢敷面膜呢？也许可以从下面几个故事中看出一些端倪。

1. 埃及艳后的蛋白面膜

爱用面膜其实真的不是你的错，自古以来女生对于面膜这玩意儿就没有抵抗力。传说埃及艳后会在睡前把蛋白涂抹在自己脸上，隔天早上醒来再用清水洗干净，好让自己的脸更紧实、更有弹性。她的方式乍听起来相当合理，蛋白很营养，又晶莹剔透，感觉敷在脸上根本超适合啊！

但其实自己做面膜最好不要乱用鸡蛋！以下是医师会担心的原因：

1. 蛋白的超大分子根本无法进入肌肤。
2. 大分子干掉之后的紧绷感反而造成肌肤不适。

3. 不小心把蛋白滴到眼睛里，保证引发过敏（红眼）。
4. 各种细菌感染风险大增（引起血便的沙门氏菌就常出现在蛋壳上）。

既然如此，为什么埃及艳后会对这个方法深信不疑？推测可能就是因为蛋白分子干掉之后会造成紧绷感，进而出现一些像是“拉提”的效果，让细纹变得不明显，因此让她觉得有效。但是几千年前的人搞不清楚“暂时”跟“持续”的差别，几千年后的你应该不会搞不清楚吧？（如果你这么想暂时拉提，三秒胶的效果会更强。）

所以，请不要再跟埃及艳后学习了！听说她还爱用牛奶洗澡，基本上就是一个“讨债鬼”（台语）啊！但“讨债”就算了，真的被感染了可没人赔你啊！

2. 杨贵妃的珍珠粉面膜

相传杨贵妃会使用珍珠粉混上人参等高档中药，再调入藕粉，做成黏黏糊糊的敷料抹在脸上，这应该就是中国古代的高档面膜了吧。珍珠粉说穿了是马氏珠母贝或三角帆蚌或褶纹冠蚌所产的珍珠磨成的白色粉末，如果仔细去分析，珍珠粉的主要成分就是碳酸钙（珊瑚礁也是碳

酸钙啊）；硬要再分析的话，水解后的珍珠粉含有十几种氨基酸，和二十多种微量元素及维生素B，这些成分可能会对抑制黑色素生成或抗氧化有效，但其实含量并不多。

如果你真的很想体会杨贵妃的感受，可以去海边磨一些珊瑚礁（但请不要在生态保护区，不然会被警察抓走），自己加上一些含胜肽跟维生素矿物质的保养品混在一起，效果大概就差不多了。

这样一来，你还觉得杨贵妃的珍珠美白计划会有效吗?

3. 妈妈超爱的丝瓜水跟小黄瓜面膜

接下来赶快来讲一下主妇圣品！妈妈们超热爱使用丝瓜水、小黄瓜这类物品来敷脸，她们总会说："老娘敷这个敷了几十年了，绝对不会错！！！"是的，老娘——喔不，是妈妈——您说的没错，丝瓜水跟小黄瓜"没什么真的错"，只是也"没什么真的美白效果"！

丝瓜、小黄瓜含水量很多，又有一些植物性果胶，敷起来会让人感觉滑滑黏黏，而且还含有维生素跟矿物质（不过几乎所有蔬菜水果都含有维生素跟矿物质，只是含量不同）。多水又黏黏的，还有矿物

质、维生素耶，“感觉”就对皮肤一定很好。但实际上，丝瓜、小黄瓜的水分敷在脸上，很快就会蒸发，如果要用它当化妆水也不是不行，但之后要记得使用有锁水效果的产品（例如保湿乳液），不然皮肤反而会变干。

至于维生素C可以美白没错，丝瓜跟小黄瓜有维生素C就可以美白了吗？答案是：话不能这样说！**维生素C必须是“右旋”且达到“一定浓度”，还要“有效进入皮肤”，才能达到美白的功效。**小黄瓜跟丝瓜的维生素C右旋比例不够高，浓度也不够高，用面膜方式敷上去的穿透皮肤效果也不够，想真正达到美白效果还是有距离。（大家在此可能会疑惑，平常不是都讲“左旋C”吗，为何这里提到的是“右旋”？答案请见文末A11。）

但是！我们还是要为小黄瓜跟丝瓜讲讲话，**小黄瓜跟丝瓜是非常棒的抗氧化食物，要多吃喔！**敷在脸上也不是不行，建议使用前可先在手臂内侧试用，一旦出现红、痒情形，就不要乱用！另外，肌肤若发炎、感染，或有开放性伤口，绝对不能使用这类保养品喔！

了解面膜的美白机制

到这里可能还是有人会反驳：“我敷了面膜真的会变白耶！谁说没用？”这又要怎么解释呢？

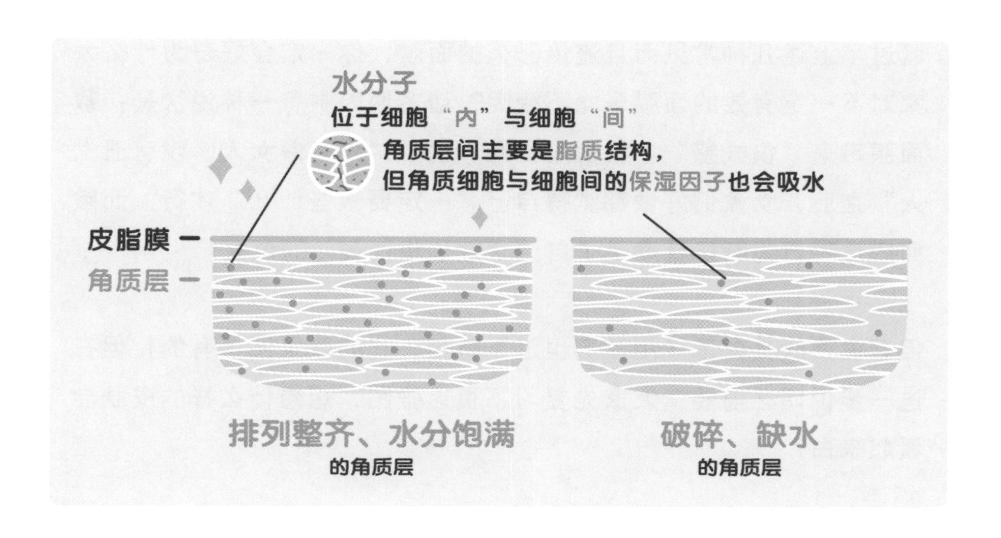

上图把角质层比喻像是一层碎玻璃，如果碎玻璃排列整齐、水分充足，看起来就会有镜子的效果，自然显得透亮、白净。除非是真的一用就让人过敏的烂面膜，不然就算你只拿生理盐水加上面膜纸敷在脸上十分钟，等角质吸了水分，自然就会排列比较整齐、充满水分，脸看起来也会比较透白。但过一会儿干了之后，就通通打回原形——卖你产品的人一定曾说：“你看，这表示真的有效，只要持之以恒，一定能美白。”然后你就一直用到今天，以为肌肤没有变白都是因为自己不认真天天用……

但实情真的是这样吗？当然不是。要知道面膜是很容易唬烂消费者的产品，你用了之后要完全没反应，还真的是有点难。所以重点更在于**到底能不能有“让角质暂时吸饱水分以外”的美白作用**啊！

看过了上述几种常见而且流传已久的面膜，你一定会好奇为什么大家对不一定有效的面膜乐此不疲呢？诸多原因中有一种说法是：敷面膜带来“仪式感”。特别是在某人说了“只有懒女人，没有丑女人”之后，女人们好像都觉得自己“一定要做些什么”才行，而敷面膜这种行为刚好就满足了自己“做了些什么”的仪式。

但若说面膜美白都没用其实也过于苛刻，它的效果还是有的！但在进一步说明之前要请大家先复习下页这张图，想想什么样的皮肤会看起来白？

从图中说明就能理解和面膜比较有关的美白机制有：

- 皮肤表面要尽量光滑。
- 角质层的排列要尽量整齐，不能太厚也不能太薄，也要适当含水。
- 尽量避免黑色素累积在表皮跟真皮，也就是避免黑色素生成与促进代谢。

能够做到以上三个条件的面膜，就有办法达到暂时或持续的美白。

面膜和其他保养品的差异

很多人或许都曾好奇面膜所含有的成分不就是保养品吗，为什么不

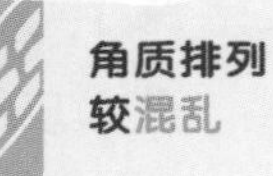

较少黑色素、
胡萝卜素累积
透明层与
颗粒层较厚
较多黑色素、
胡萝卜素累积
角质层
较厚
角质排列
较整齐
角质层
表皮层
真皮层
脂肪
角质排列
较混乱
皮下微血管内
氧合血红蛋白较高
氧合血红蛋白
还原血红蛋白
皮下微血管内
还原血红蛋白较高
皮肤表面较光滑
整体较薄，透光率高
皮肤表面较粗糙
整体较厚，透光率低

干脆直接使用保养品就好了？其实多了一层面膜主要是多了“密封”的作用。密封隔绝皮肤暴露，会使皮肤表面温度升高，毛孔扩张，有助于促进局部的血液循环；密封也会让角质层更容易经过渗透作用，吸收部分有效物质。

但是！面膜最重要的就是这个但是！这些保养成分能否通过表皮到达底层，密封能造成的影响其实“很有限”。角质层是非常复杂的结构，保护机制很多，哪能轻松泡个水就让什么东西都穿过去。前文曾打过类似比方：有人不小心掉进化粪池，一个小时之后才被救上来，若外在物质很容易就进入皮肤，这人皮肤里面岂不就全都是屎了吗？所以，面膜的渗透作用“很有限”！想让这些成分有效地进入皮肤，还需要其他“加强皮肤穿透力”的机制。这些机制需要另辟一章说明，如果有兴趣知道，**请持续追踪本团队发文**。

面膜除了密封作用之外，还可能具有其他作用，主要跟“材质”有关，不过有关面膜材质，不属本书主题，暂先略过不论。总之，**面膜有没有效的关键还是在“活性物质”“浓度”和“进入皮肤的技术”。**

有些面膜会宣称自己有很多效果，可以同时美白、保湿、淡斑、刺激胶原蛋白增生等。会产生什么样的效果，跟它使用的“活性物质”有关，例如使用高浓度左旋C或传明酸，就可以有美白效果。但实际有没有效不要忘了还有“活性物质的浓度”，以及“进入皮肤的技术”这两个条件，千万不要轻易就被商业宣传手法给牵着鼻子走。

你问我答

Q1：明天要约会了但是脸色很暗沉，可不可以拿面膜来救急用?

A1：选对产品是可以的！如同本书所说，只要充饱水分，皮肤自然会比较亮白，所以在约会前一个小时使用有足够保湿力的产品，是可以产生一定效果的喔！

Q2：感觉凉凉的面膜是不是收敛效果就比较好?

A2：不一定。会有凉感可能是面膜含有醇类或者是薄荷等成分，暂时让毛孔产生了收缩的效果，但就是“暂时”而已。要持续让毛孔缩小，“地基”必须要稳固。至于什么是“地基”？请回头去看看“人生须知！毛孔粗大与粉刺的成因及处置完全攻略”这篇文章。

Q3：到底应该多久敷一次面膜?

A3：天天敷是“绝对不需要的”！真的很喜欢敷面膜的话，最多两到三天一次。但也要评估面膜里面的活性成分，如果活性成分高，其实一个礼拜敷一次就很多了。

Q4：用完面膜要不要把脸洗干净呢?

A4：不一定，但通常洗干净比较好。除非面膜上所含的成分都是可完全挥发或可吸收的，不然残留下来对皮肤不太好。就算是活性物质，十到十五分钟的吸收时间也足够了，太久反而可能造成皮肤负担。要特别提醒的是：如果是清洁性质的面

膜，就一定要洗干净喔！

Q5：听说敷面膜之前先去角质可以让皮肤的吸收力更好，这是对的吗？

A5：刚去角质的皮肤处于较敏感的状态，反而不应该立刻敷面膜，建议在去角质至少二至三天之后再使用面膜。在此要拜托大家不要乱去角质，去角质要使用对的方法，而且最多一周一次（其实一月一次就超够了啦）。

Q6：我的皮肤有酒糟或异位性皮肤炎，适合使用面膜吗？

A6：如果皮肤处于“疾病”状态，请一定要先控制好疾病。在此状况下想要使用任何保养品，请和长期了解你皮肤状况的医师讨论，在医师建议下妥善使用。

Q7：我最近刚去垦丁玩回来，有点晒伤，可以用面膜舒缓吗？

A7：亲爱的，如果是晒伤后有红、肿、痒、烫、脱皮这样的状况，此时就不应该再使用面膜。这时候的皮肤是很脆弱、很敏感的，不适合跟过多物质接触。如果只是刚晒完但不红不肿，倒是可以斟酌使用冰凉的保湿面膜来降温舒缓。更重要的是，下次去玩请做好防晒！

Q8：面膜过期还可以使用吗？

A8：不行！请丢到一般垃圾中，由清洁队送到焚化炉处理。

Q9：敷面膜一次要敷多久？

A9：通常包装上会有标示，一般建议十到十五分钟就足够。

Q10：用完面膜之后是不是要拍一拍肌肤，据说可以增加有效成分的吸收？

A10：轻拍确实可增加局部血液循环，对于提升“一点吸收”可能有帮助。但若是产品含有酒精、醇类或其他挥发性物质，你在拍打的时候增加了局部的空气流通，反而会让挥发性物质更容易挥发掉。所以你拍完觉得皮肤干干的，多半不是因为保养成分被吸收，而是挥发性物质挥发了。当然，你还是可以拍一拍啦，没什么坏处，但也不要期待太多好处就是。

Q11：左旋C是什么？为什么叫左旋C？不是说右旋才有用吗？

A11：人体可以处理的是右旋维生素C，但在化学结构上其实有L/D及（d;+）/（l;-）两种表示法，人体可以利用的维生素在化学结构上是左型（式）-右旋维生素C，只是当初引进该词汇时把“左型”翻译成“左旋”。所以应该说：有效的是“左型维生素C”或者是“右旋维生素C”。现在虽然已经有点积重难返，但我们还是应该试着把它正名。

看完这篇，你觉得面膜到底有没有效呢？有没有效要医学临床验证才算数，不是大品牌或是很多人这样说就算。下次要用面膜、买面膜的时候仔细想一想，你才能省钱又安心！

- 面膜可以用，但不要过度期待效果，遇到过敏反应立刻停用。
- 不必用面膜写日记，一周一次就很足够。
- 对于太贵的产品要停看听，仔细研究其成分跟技术，可能有性价比更好的选择。
- 使用面膜警告事项：
  1. 不要敷着面膜睡着，小心隔天红肿跑去找医生！
  2. 不要频繁使用剥除式面膜，角质层真的没这么厚！
  3. 发炎感染时务必暂停使用面膜，别让你的脸变成细菌培养皿！

还在天天去角质？
别乱搞，护角质才对！

“角质”跟黑色素一样倒霉，好像跟所有人有不共戴天之仇一样，每天都有人问要怎么“去角质”“多久去一次角质”“用XX去角质可以吗”，仿佛不去角质有什么罪一样。

事实上，角质是皮肤最外层的屏障，有不可或缺的重要功能。大家如果还记得八仙尘暴事件（2015年），当时大片面积灼伤的患者首先面临的问题就是皮肤失去保水的功能——人没有了角质层，很快就会因脱水而死。角质既然如此重要，只有完整理解角质，你才能知道怎么保护它、控制它！看完这篇，希望大家把观念改一下，别再整天想着“去角质”，应该是要好好想想如何“护角质”才对啊！

角质生成是“动态过程”

角质最重要的功能就是“防水”，同时也是针对外来微生物跟化学物质的屏障。角质层是由角质细胞镶嵌在脂质之间构成，但角质层绝对不是像厂商塑造的是“一层死掉的老旧细胞”而已，它完全是“活的体系”。

我们在之前的文章讲过，角质层粗糙、干燥、透光度差，皮肤看起来就会显得暗沉；反之，光滑、饱水、透光度好的角质层，就会让皮肤晶莹剔透。但角质其实比你想象的还脆弱，举凡干燥、风、阳光、清洁剂、溶剂、化学药物都可能对它产生干扰，导致正常角质的功能无法发挥，皮肤就会变得干燥、敏感。角质正常代谢脱落的过程一旦受到影响，就会出现粗糙、干燥、透光度差的角质层，自然不可能有一张晶莹剔透的脸了。

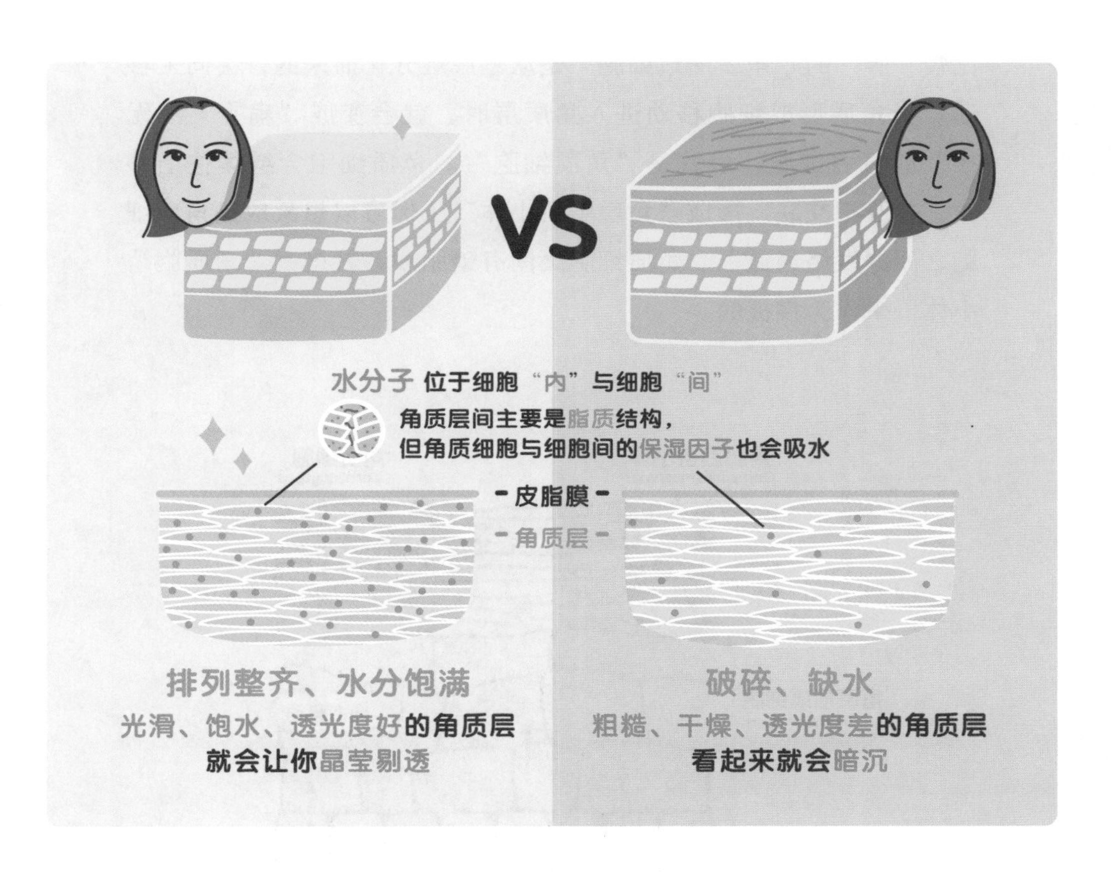

想要正确认识角质，不要再误解它，你就要先了解角质究竟是如何生成的。以下就让我们重新再向读者说明一次。

1. 角质细胞生成流程

比较“胖”的“角质形成细胞”是从基底层分化而来的，会向上移动。当角质形成细胞移动进入角质层时，就会变成“扁平”“无核”的蛋白细胞，也就是“角质细胞”。角质细胞会继续往上移动，并互相交联，形成“角质胞桥小体”（你可以想象成是角质细胞之间的联络通道）。角质细胞之间有磷脂质，就是靠“角质胞桥小体”来作为模板的。

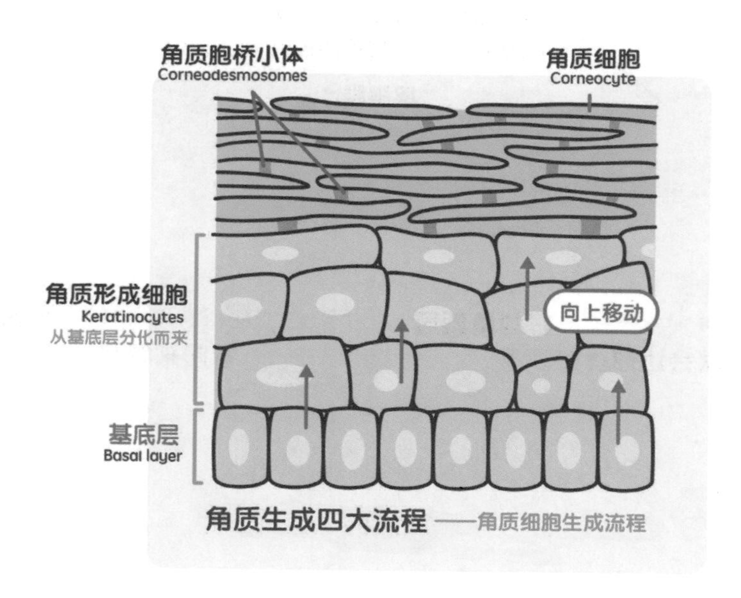

角质生成四大流程——角质细胞生成流程

2. 角质细胞间脂质生成流程

胖胖的“角质形成细胞”肚子里有些特殊的脂肪，前文提过当它进入角质层时，就会变成“无核”“扁平”的角质细胞。在转变过程中，角质形成细胞大概就像吐了一样，把这些特殊的脂肪吐出来，这些脂肪就是“脂肪酸”“神经酰胺”跟“胆固醇”，它们会接着排列成许多双层结构。这个亲油却疏水的双层结构，就成了角质层非常重要的防水措施。

你可以简单把角质想象成瓦片，这些油脂就像是瓦片中间又上了油、封了蜡，到这个阶段，角质就成了完整的屋顶，不会随便漏水

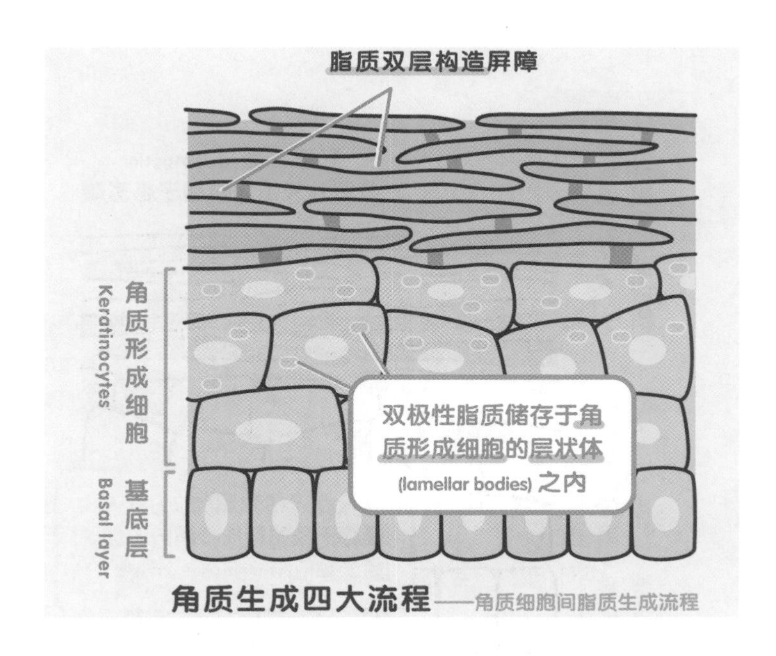

角质生成四大流程——角质细胞间脂质生成流程

进去了。但这样讲，你可能以为是指“外面的水很难进来”——虽然没错，但**角质主要的目的是要防止“里面的水出去”，也就是“保湿”！**

任何陆上的动物，只要失去角质层，就会在很短的时间内脱水而死！外面的东西不能随便进来，里面的东西也不会轻易流失，这就是我们的好伙伴“角质层”的重要使命！

3. 天然保湿因子生成流程

胖胖的“角质形成细胞”内还有些蛋白质前驱物，在转变成“角质细胞”的过程中，这些蛋白质前驱物会分解成氨基酸，加上一些乳

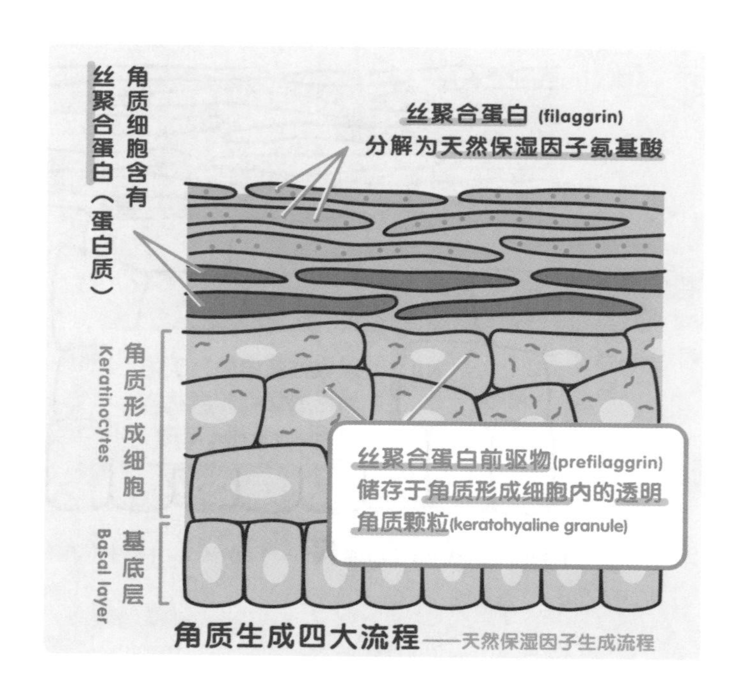

角质生成四大流程——天然保湿因子生成流程

酸跟尿素等成分，就是角质内的“天然保湿因子”了。这个分解过程，跟角质层的湿度有关：如果太干的话，分解的量就会少，保湿因子的量也随之减少。所以，保湿是很重要的！

4. 角质细胞脱落流程

刚才讲的“角质胞桥小体”，会受到酵素作用分解，一旦被分解，最外层的老旧角质细胞就会脱落，也就是“脱屑”，这是自然的角质代谢过程。

但是，脱屑最重要的就是这个“但是”！酵素要有作用需要足够的湿度来配合，也就是说，如果太干的话，酵素就无法作用，胞桥小

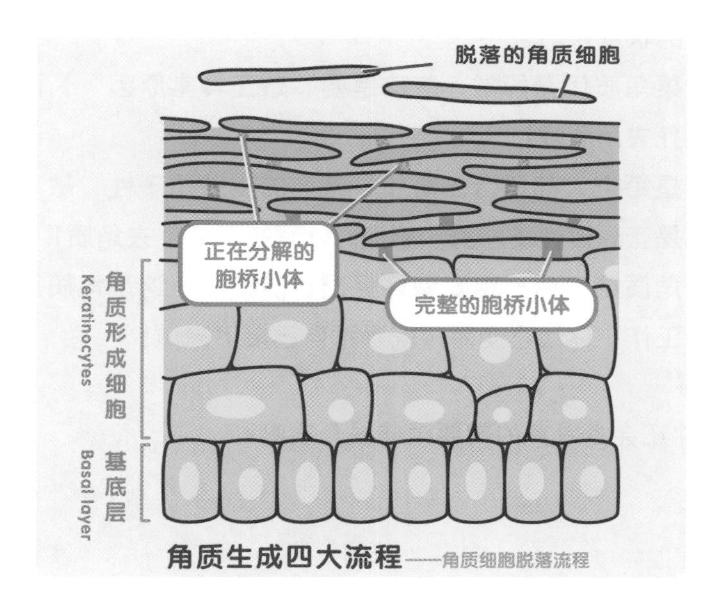

角质生成四大流程——角质细胞脱落流程

体就无法分解，最外面老旧的角质就会无法正常脱屑而堆积在体表，导致变成一层老旧又干燥的皮肤。

看完这四个重要的角质生成流程，你应该要知道：

- 角质超重要，与其去角质，不如好好“护角质”！
- 真要去角质，只能去“本来就要脱屑”的老旧角质，角质去过头反会失去天然的保湿能力！
- 只要角质正常，自然会脱屑，你干吗还要去角质？
- 只要做好正常保湿，在皮肤没有特殊疾病的状况下，角质通常不会太厚！
- 天然的角质屏障一旦破坏了，就很难期待再回复完全正常的状况！
- 如果角质代谢异常，应该是要“矫正异常原因”，而不是狂去角质啊！
- 不是每个人都适合去角质，若你的皮肤是干性、敏感性或是有异位性皮肤炎、感染时，拜托不要乱去角质！
- 去角质结束后一定要做好保湿、防晒——这是角质原本的工作，你让它变薄，就乖乖自己接下来做！

至此，你还会觉得真的需要频繁去角质吗？

保养是科学，不是仪式

“保养是科学，不是仪式。”
“保养是科学，不是仪式。”
“保养是科学，不是仪式。”
很重要，所以一定要说三遍！

为什么大家会这么喜欢去角质？道理很简单，因为去了角质当下你就会感觉皮肤变白、变平滑。但是这种白、滑，都是非常暂时性的效应啊！如果你只是等等要出门约会，想要漂亮一点，稍微去一下角质还行；如果你是要长时间美白，去角质绝对不是你要处理的首要工作。

你每天保养到底是在保养心安，还是真的想让皮肤变好？想必每个人都是想让皮肤变好吧，但多数人却根本不愿意搞懂自己的皮肤，而去看博客业配文、看一堆保养品开箱文，一篇知识文都不愿意读！博客就是要卖给你东西啊，当然要狂甩一堆东西给你看，你看了就觉得——哇，真的，只要这样做皮肤就会变好了！然后就手滑买了下去。但随着每个月的手滑，你的钱包越来越薄，角质也越来越薄，皮肤却越来越烂，然后就想去做医美、打激光。你妈妈要是知道你这样搞她生给你的角质，一定会很难过，知道吗？

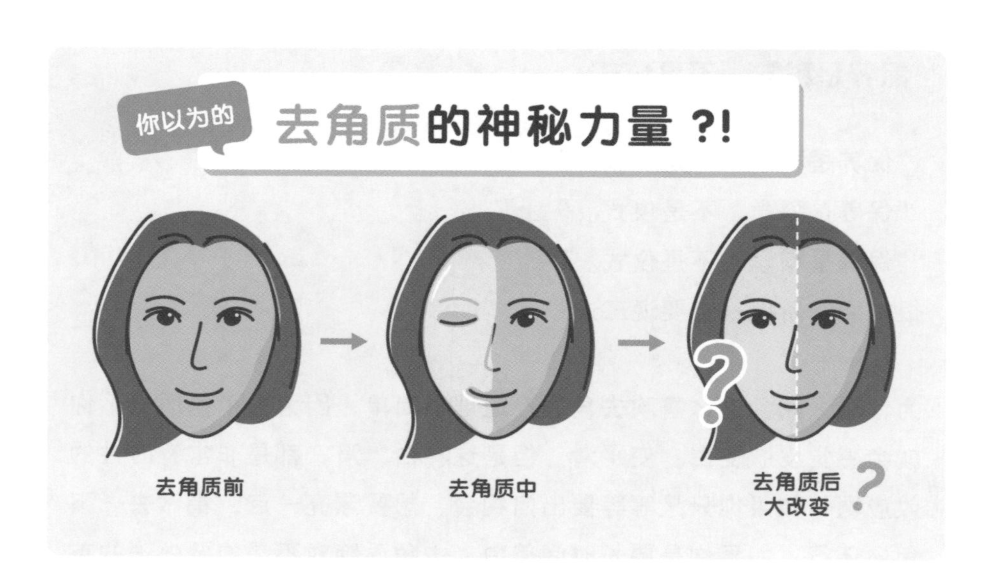

如果你真的要去角质，拜托最多一个月去角质一次就好，而且一定要“适度”！要是去过头了，你的角质就跟青春小鸟一样一去不回来了。然而就算你的皮肤状况可接受适度去角质，你还是要了解正规的方法。

两种去角质的方法

一般来说，去角质可分成两种方式：物理性去角质跟化学性去角质。

1. 物理性去角质

磨砂法：利用矿物、植物磨碎制成的大颗粒或小颗粒来磨除角质。大颗粒可能导致刮伤或过度去角质；小颗粒如白泥、冰河泥，因为会吸附油脂，可能导致皮肤变干。

摩擦法：使用菜瓜布、海绵或各种织品、刷具来摩擦脸部，去除角质。最常见的问题就是磨过头，导致皮肤红肿发炎。

光电法：利用激光精准去除角质，但需要医师评估，并谨慎操作。光电法仍有过度去角质的风险，且要价不菲。

2. 化学性去角质

酸性物质：如水杨酸、果酸、A酸等。这些物质长期应用在医学上，研究已经相对透彻，在医护人员指导下使用还算安全。低浓度的酸性物质可以视自身状况居家使用，但高浓度酸性物质的换肤务必由医护人员亲自操作，不要在家自己做！

蛋白分解酵素：木瓜酵素或凤梨酵素等都能达到软化分解角蛋白的效果。但因为酵素本身就是蛋白质，要注意可能会因此过敏。

在化学性去角质的过程，如果因刺激造成皮肤严重红、痒，就是提醒你该要停下来的警讯——千万别以为一定要红才有效！单纯只作用在“该要代谢但还没代谢的角质”，是不会搞到皮肤严重红、痒的。

你问我答

Q1：粉刺成因之一是毛孔角化异常，去角质是否就可以改善粉刺?

A1：毛孔角化异常是粉刺成因之一没错，但你以为把异常的角质去掉，接下来角化就会正常了吗？当然不是，你该做的是“矫正角化异常的原因”啊！请先往前复习一下关于粉刺的篇章，口服药物或外用酸类才是矫正角化异常的方式。当然，也别忘了生活作息健康跟饮食正常的重要性。

Q2：到底哪些人适合去角质?

A2：通常一般正常状况下都不需要去角质。如果你真的想要去角质，建议先与皮肤科医师讨论相关程序之必要性与安全性，以免造成皮肤变干或敏感发红等问题。

Q3：如果真的很想去角质，到底多久可以去一次角质?

A3：最多一个月一次，不能再多了。

Q4：使用去角质洗面乳好吗?

A4：洗脸是为了“干净”，还是“去角质”？明明是为了洗干净，为什么要“同时去角质”？你可能需要天天洗脸，但需要天天去角质吗？女性月经一个月来一次，分泌物可能天天有，平常使用护垫，月经来再换用卫生棉，但你会去买“有卫生棉功能的护垫”吗？同样道理，你干吗使用去角质洗面乳呢?

Q5：可以使用柔珠去角质产品吗?

A5：柔珠去角质说穿了就是“物理性”去角质，如同上文所说，物理性去角质没有什么必要性。何况，柔珠可能会造成生态影响，这一点需要大家关心喔!

Q6：可以用绿豆粉或薏仁粉这类天然材料来去角质吗?

A6：如果你是“适合”去角质的人，最多一个月去角质一次。但这类方法属于粗颗粒的物理性去角质，使用时要注意力道，小心刮伤皮肤！另外也要注意是否引起过敏反应，若出现红、痒就要立刻停止使用。

Q7：网络上流传用粗盐去角质，好像效果不错，可以试试吗?

A7：基本上这一样是使用粗颗粒物质来进行物理性去角质，但盐溶于水后会产生很高的渗透压，要是去角质时间过长，跟把自己泡在盐水里面没啥两样。正因为使用粗盐没有比其他选项有更多好处，但却有更多顾虑，所以我们不建议使用。

Q8：脸部以外的身体其他部位需要去角质吗?

A8：身体每个地方的角质厚度都是有意义的。例如足部，本是经常发生摩擦的地方，自然需要较厚的角质层。只是现代人的脚掌因为有鞋子保护，厚的角质就真的没这么必要，所以适当除去足部的角质是可接受的。手肘或身体其他部位也是相同道理。但一样要注意不可过度去角质，如果出现任何不舒服或红、痒，就一定要停止继续去角质。

不愿意搞懂正确的知识，只愿意看博客推荐文的人，总有一天会踩到雷。说句难听一点的话，你只要不思考，却还很迷信，总有一天会喝到加了屎的符水！真心拜托大家把看业配文的时间，挪来认真看点知识文吧！让自己的保养更正确、更有效，不再受网络流言、夸大广告所迷惑。

1. 请务必扭转观念，不要整天想“去角质”，而应该是要“护角质”。
2. 角质是保湿的关键，最多一个月去角质一次即可。
3. 肌肤偏油性可以适度去角质，如果是干性、敏感性或过敏性肌肤就不宜去角质。

打了就会变白？
认识美白针

前面介绍了这么多内容，你应该已经知道想要让肌肤看起来白，其实有很多方式：有暂时的美白（例如适度去除角质或暂时性血管收缩）、长期的美白（例如阻止黑色素生成、使用促进黑色素代谢的活性物质），有预防性的做法（例如防晒）、也有治疗性的选择（例如以激光击碎黑色素）。如果对美白的理解非常浅薄，只听说某产品可以美白就不假思索跑去买、跑去试，我们只能祝你自求多福。没效还不打紧，花钱伤身体就真的亏大啦！

本篇要讲的主题就是美白的主流方法之一：打美白针。

简单说，**美白针就是把一些可美白的成分，用针剂的方式注射进入血液。**

有些医美诊所会跟你说：我们把很精华、珍贵的美白成分，都放在这罐点滴里面，打到血管里可以快速到达作用的地方，让你在最短的时间产生美白的效果！就跟感冒发烧，打针来退烧一定比吃药退烧还快的道理是一样的。

这时，你心里面就会出现右页这张图：

一般人心里所想的美白针

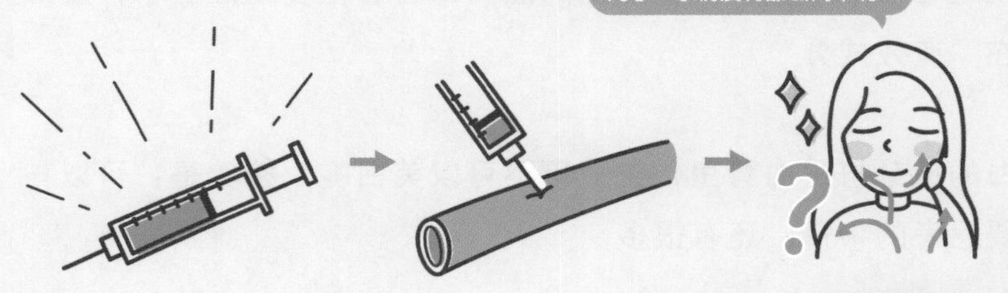
同学！事情没有那么简单啊！
快速送到皮肤
快速产生美白效果

但是事情绝对不是憨人想的这么简单！醒醒啊同学，赶快认真看下去吧！

美白针的各种性价比

最常用于美白针的成分，通常是维生素B群、维生素C、传明酸、谷胱甘肽、肌醇、胆碱、硫辛酸等抗氧化、抗自由基、抗发炎的物质。当然，还有生理盐水。美白针高达95%以上的成分都是生理盐水，但这也没啥要紧，多数大桶的点滴都含有很多生理盐水，重点还是在“有效成分”。

把美白的成分打进血管里，究竟可不可以美白呢？答案是：可以！但是要思考的事情，还有很多。

不论是谁，花钱、买东西应该都会考虑性价比吧？我们就从性价比的观点，为大家彻底剖析美白针。

1. 美白针“效果”的性价比

药物要发挥作用，必须在“作用的目标”达到“有效的浓度”。把药物打进血管内，虽然百分之百都进入身体循环，但若目标是美白脸部，你认为实际到达脸部的药物有多少？再进一步想想，如果只是要除掉一些脸上的斑，**真的需要把药物打到全身吗？**说穿了，那

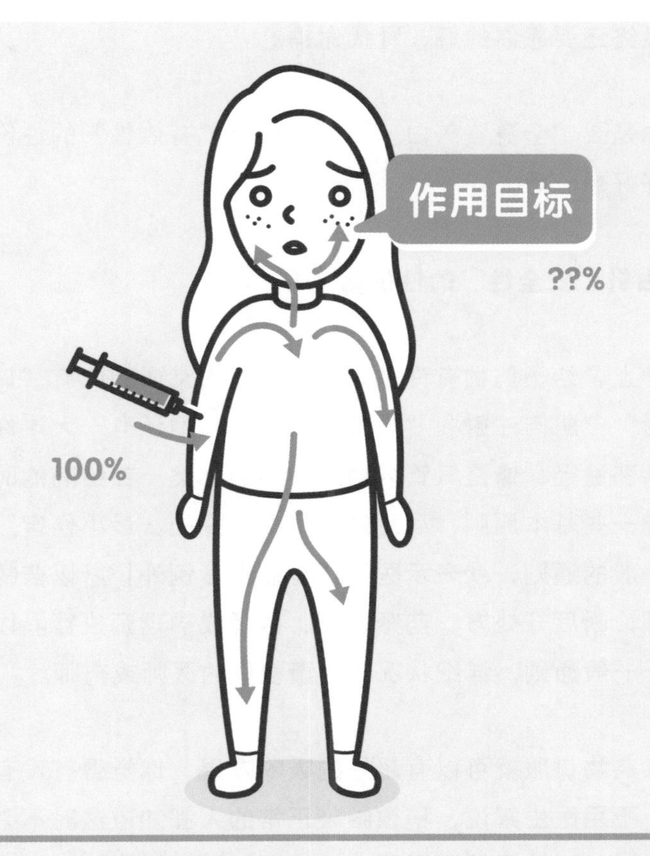

如果是想脸部美白或淡斑
虽然药物打进血管内100%进入身体循环
但实际到达作用目标的药物有多少?

一大堆有效物质实际上根本没在你期待的地方发挥作用，而且这些物质最终还要靠你的肝、肾代谢掉。

除非你是要“全身”美白，否则美白针“有效性”的性价比绝对值得你好好想一想。

2. 美白针“安全性”的性价比

在医学上，给予药物有许多途径。一般人常遇到的有“口服”“皮下注射”“肌肉注射”“静脉注射”，其他还有一大堆你听都没听过的给药途径，像是气管内啊脑膜内啊之类。在给药的时候，医师会遵守一些基本原则，尽量做到“最大好处、最小伤害”。既然强调是一般的通则，就表示医学上有非常多例外！所以药物一定要经由医师诊断后开处方、药师调剂、医师或护理师执行。以下所说的便属于一般通则，详细状况务必请教你的医师或药师。

如果某药物口服就可以有超好的吸收效果，你觉得有没有必要改用打针？不用医生解说，稍微脑袋正常的人都知道这时不必打针啊！一般来说，**能外用就不口服，能口服就不打针，能肌肉注射就不静脉注射**——这是非常重要的“安全性考量”。

大家也都知道，只要是药物，就有可能会发生“过敏”。你对某药物过敏，怎么使用它对你的影响就至关重要。如果你擦了过敏药物在皮肤上，出现了红、痒，赶紧把它擦掉，用生理盐水冲一冲，在

再由心脏进入
全身系统循环

① 口服药物

可能有部分在
舌下黏膜吸收
直接进入血管

② 大多经食道后
由肠胃吸收

③ 经过肝脏的
首渡效应：

肝脏会把经肠胃道黏膜吸收的药物，部分代谢或破坏，再释放到静脉系统。

④ 由肝脏经静脉
回到心脏

⑤ 再由心脏进入全身系统循环

口服药物吸收机制

进入身体循环的量不多的状况下，一般不会出现更严重的状况。

但如果你是吃下了让你过敏的药，药物将部分在你舌下黏膜吸收，多数在你胃肠道吸收，接下来经过肝脏的首渡效应，再到你的全身系统循环。在这个过程中有很多转换，虽然可能会降低实际的有效浓度，但要产生过敏，则需要一些时间。例如吃了有毒物质，在很短的时间内都还可以通过洗胃来处理；即使量很多洗不完，也还可以紧急洗肾（血液透析）。

但如果是将药物打进静脉，就会直接进入人的体循环。一旦发生过敏，可能就是“全身性的过敏反应”。严重的过敏会导致休克，那时候就真的事大了。

目前美白针使用的多数美白成分，即使外用效果不好，口服也多能达到效果。虽然过敏性休克这类较严重的状况发生率不高，但是既然可以选择外用或口服，你为什么要冒险打针呢?

因为以上的效益跟风险评估，加上零星的不良反应案例，美国食品药品监督管理局 (FDA) 在2015年已对美白针发出警告，法国自2016年起则禁用美白针，而台湾则是没有正式核准美白针的适应症。

你会问：既然没有核准，施打美白针合法吗？答案是：合法！但属于医疗上的off-label use（非适应症外使用）。也就是说，医师

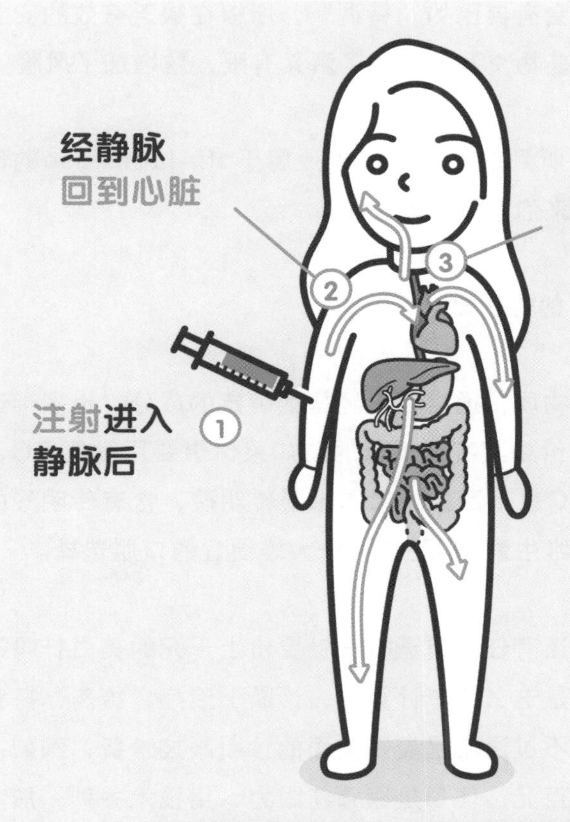

静脉注射吸收机制

根据相关文献认为这样的治疗对患者可能有效，可以在没有适应症的状况下，给予该药物适应症外的治疗。但也因此美白针没有固定剂型，常常每家诊所会有自己的“特调”，所以在缺乏有效的安全规范下，加上对各种药物交互作用的了解又有限，就增加了风险。

附带一提，现在很常听到的消脂针，也是属于off-label use的使用方式。它原本是用来治疗肝脏的药物。

3. 美白针“价格上”的性价比

其实美白针内的有效物质，通常都已经是很确定的成分，也多半过了专利保护期，所以价格其实是很低的。如果你想要用维生素C，高浓度外用的维生素C也不贵。如果你想要传明酸，含有传明酸的外用保养品也一堆。维生素B群更是有一大堆便宜的口服选择。

仔细想一想，你觉得还有任何道理打一针要价上千元的美白针吗?当然医疗上的成本不是这么简单计算的，诊断、治疗、给药、打针这些都需要成本，只不过通常是贵在前面的诊断跟技术费，例如：植发一株通常要价上百元，但那是医师花眼力、用技术去种，加上三到五位的护理师、分发的技术员的努力，一整台植发刀开下来，往往要一整天的时间，所以收费贵，并不是那几根头发多有价值。但你回想一下，你被推销美白针的时候，有先进行什么诊断吗？除了施打静脉注射以外，还有被施用了什么特别的技术吗?

4. 美白针多久打一次？美白针对诊所的性价比

很多人常会认为美白针是用来打“保养”的，这个观念根本就是不良诊所的从业者为了业绩创造出来的说法。什么药可以吃来保养？或者什么药可以用来保养？这些在医学上都有严格的定义跟规范。在安全性跟有效性上都无法通过主流医界检视的东西（美白针），说可以用来保养，真的是唬烂到极点。下次如果有诊所跟你说这针是“打保养”，你直接拿这篇反问他，保证他答不出来。

但你一定还是想知道：美白针到底应该多久打一次？基本上我们会建议不用打针，用吃的、擦的就好了。**每多打一次，只是让自己增加一次风险而已。**

那么，为什么很多诊所这么喜欢推美白针呢？

1. 成本低。卖你上千元，成本最多最多通常不可能超过二百元。
2. 保养疗程让你定期回来，就有更多机会推销其他疗程。
3. 搭配其他疗程，作为赠品——反正成本不高。

看到这里，你应该就能明白为什么诊所都要你打美白针了吧！

你问我答

Q1：医美诊所强调说他们美白针的成分是外用保养品找不到的，真的吗？

A1：基本上所有美白针的成分几乎都可以找到对应的口服或外用剂型。你甚至不需要吃药或擦药，光是食用某些天然食物就可以补充了。均衡饮食，早睡早起，防晒做好，你真的不需要这些针。

Q2：怀孕时可以打美白针吗？哺乳期间可以打美白针吗？

A2：怀孕或哺乳期间，我们（以及你自己）都希望把任何风险降到最低。虽然没有实证这些美白针的成分会造成严重并发症，但除非不得已，在怀孕或哺乳期间都建议不要使用非必要性药物。

Q3：医美诊所说美白针是赠品，不打白不打，可以吗？

A3：如果这个东西很珍贵，他会送吗？这道理应该很容易理解。你听过买房子送家具，有听过买家具送房子的吗？如果真的要美白，不如跟诊所好好谈，不要送这些美白针，换点别的给你或许还比较实在。

Q4：生理期可以打美白针吗？

A4：生理期是正常的子宫内膜剥落现象，让经血顺利排出是很重要的。可是美白针几乎都会含有传明酸，而传明酸是用来止血的药物。一般来说，不只是美白针，除非是有重大的止血需求，不然医师不会特别在患者生理期间使用任何剂型的传明酸。

1. 美白针打进血管虽然百分之百都进入身体循环，但能实际到达想美白部位（如脸部）的药物其实微乎其微。
2. 美白针没有固定剂型，每家诊所都会有自己的“特调”，风险令人担忧。
3. 均衡饮食，早睡早起，做好防晒，你根本不需要施打美白针。

打了真的会变白吗？美白激光的比较

本书一再强调美白一定要从最根本的源头做起，防晒、保湿等日常保养都是基本功。

但是如果已经晒黑了，人们难免会想要更直接一点处理掉黑色素。若是这样，目前应该没有比“激光”更直接的方式了，某些激光可以借由它集中且可选择性针对特定对象的攻击特性，在短时间达到“击碎”黑色素的效果！噔～噔～噔～噔，我们知道大家看到“击碎黑色素”都兴奋起来了。先别急好吗？且让我们简单说一下激光原理以及美白激光的分类，不然你以为激光就是啪啪啪打几下然后皮肤就白了。事情没这么简单啊（摇手指），你还是要搞清楚才能正确选择美白激光，并掌握可能的好处与风险啊！

美白激光的原理介绍

“激光”的英文是laser (light amplification by stimulated emission of radiation)，它的原理发明人是赫赫赫赫赫赫赫有名的爱因斯坦大大，但是爱因斯坦大大最狂、但也最可惜的地方就是：他的想法真的太狂了，狂到同时代根本没办法做出实验印证他的原理。所以激光的理论虽然在1917年就已经被提出，爱因斯坦本人活到1955年，但实际上一直到1958年激光才被成功制造出来。也就是说，爱因斯坦发明了他这辈子根本看不到的东西，真的是太悲惨了啊！激光被验证后，相关的应用以及研究就开始大量产生，后来一堆后续研究得了诺贝尔奖。

如同其他尖端科技，最初期的应用往往是在“国防军事领域”，激光一开始也是被用于军事用途，但随着美苏冷战结束，相关的知识跟技术也慢慢被释出，激光就开始了在医疗上的应用。人的脑袋动得很快，既然人类这么爱漂亮，什么东西都想拿来美白，现在有这么神奇的新科技，当然是要拿来美白啊不然要干吗?

激光这个玩意儿针对特定对象可以精准攻击的特色，在击碎色素斑块这件事情上真的是太好用了啊!

举个例子来说明你会更好懂，假设有一张白纸的上面有一些黑点，激光全部扫过一轮之后，你会发现原本黑点的地方被破坏得特别严重——这是因为黑点吸收了特别多的能量——而白的部分就好像没事发生一样。

前面提过，在基底层的黑色素细胞制造出的黑色素，会逐渐往上移动，这也是让你看起来黑的原因。

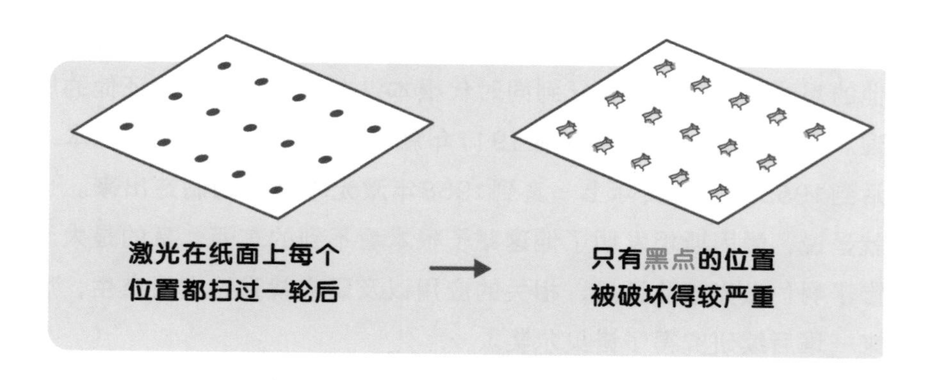

激光则可以精准地在很短时间内对黑色素组织产生极大的破坏力。但别忘了，它的原理是“对黑色选择性吸收”，也就是越黑的会接收到越多的能量，所以黑色素被破坏时，组织附近也会吸收到一定的能量，当然表皮也可能接收到部分的能量，这就是有些激光打完后皮肤会出现红肿类似烫伤感觉的原因。应用同样的原理也可以用来除毛、除刺青。

在此也呼吁打激光的时候，不要跟医师点菜似的下指令。有些人会觉得能量强一点效果就会比较好，但看懂上面所说的原理，你就会知道肤色越黑，能量应该要调越低，不然表皮反而可能会产生严重的热伤害。这是医疗行为，不要以为是在点珍奶大杯微糖去冰啊！

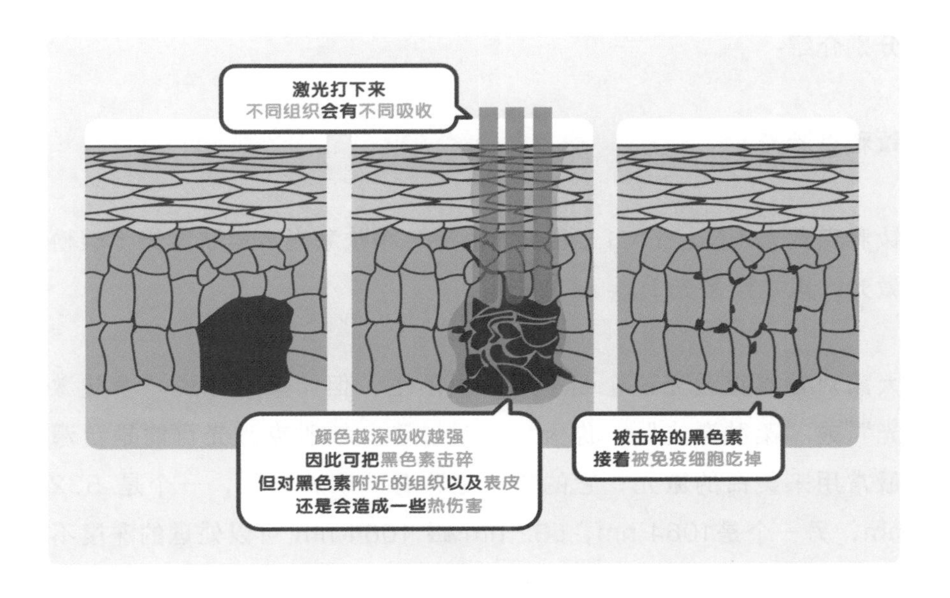

搞懂了美白激光的作用原理，接下来要认识一下常见的美白用激光的种类。

常见激光美白仪器特色与选择方向

一般激光的命名，就是依照这个激光是激发什么物质产生来取名。例如红宝石激光就是激发红宝石里面的微量“铬原子”所产生的激光。（医美用语里有很多是厂商乱取的噱头，但这个红宝石可是货真价实的红宝石啊！）

常用来美白的激光有“钕雅克激光”“红宝石激光”“紫翠玉激光”“二极体激光”等（按照波长由短到长排列）。以下我们就来分别介绍：

钕雅克激光

钕雅克激光（Nd: YAG Laser），又名净肤激光、柔肤激光（碳粉激光、黑娃娃激光）。

大家对钕雅克激光这个名字可能很陌生，但如果跟你说“净肤激光”或“柔肤激光”，你大概就听过了。钕雅克激光可能是台湾最常用来美白的激光，它的特色是具有“双波长”，一个是 532 nm，另一个是1064 nm，532 nm 跟 1064 nm 可以处理的深度不同。

532 nm 的波长是绿光的频段，波长短，穿透的深度就比较浅，可以用来处理浅层的黑色素斑块，例如雀斑、晒斑等常见的浅层斑。

1064 nm 的波长是红外光的频段，波长较长，穿透的深度就比较深，可以用来处理深层的黑色素，达到改善肌肤暗沉的效果。因为可影响的深度较深，能刺激到较深的“浅真皮层”，在这个层级可以刺激胶原蛋白再生，抑制皮脂腺，间接改善毛孔大小跟青春痘、粉刺。至于大家闻之色变的“肝斑”，1064 nm 的激光同样会有帮助。但是你需要知道“肝斑”是复杂的疾病表征，激光未必是首选，不要听到 1064 nm 可以处理肝斑就狂去打激光，要先有医师的完整评估喔！

净肤激光的优点是柔和，通常疼痛感不强，也比较不容易反黑。效果上不一定一次就会改善，治疗有累积效应，有些人需要几次治疗后效果比较明显。

另外要提醒的是，激光治疗不可太过频繁（最好间隔一个月以上），能量也要控制，一定要请医师好好评估。否则一旦把黑色素母细胞打死了，完全无法产生黑色素，反而会形成白斑。白斑非常难处理，届时可能就只剩下皮肤移植一条路了……

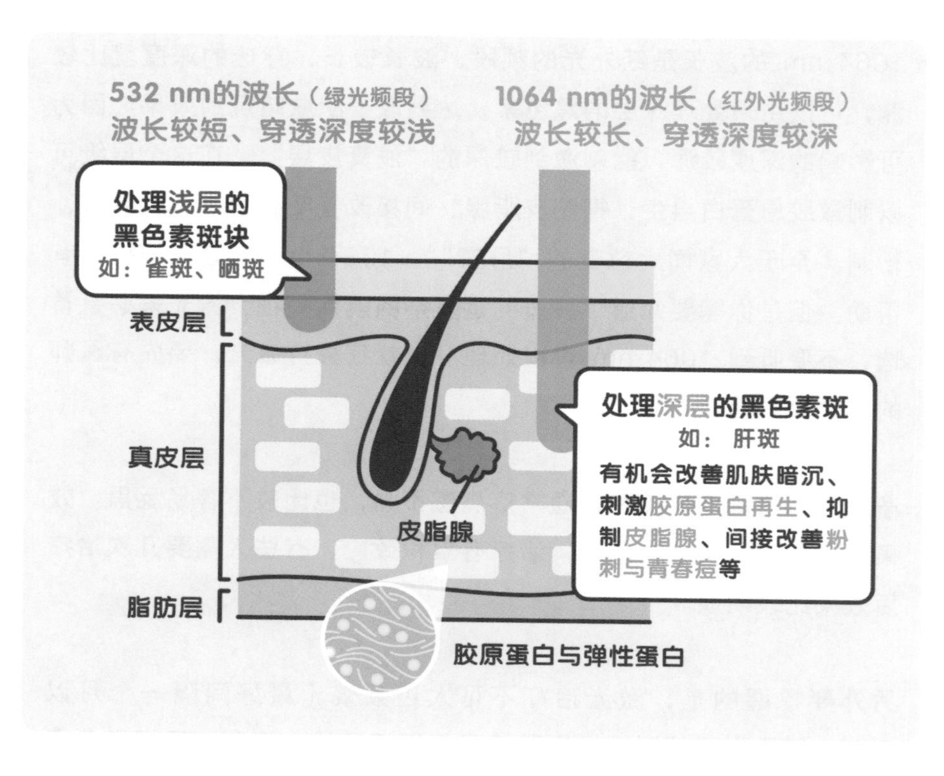
532 nm的波长（绿光频段）
波长较短、穿透深度较浅
1064 nm的波长（红外光频段）
波长较长、穿透深度较深
处理浅层的
黑色素斑块
如：雀斑、晒斑
表皮层
真皮层
脂肪层
皮脂腺
处理深层的黑色素斑
如：肝斑
有机会改善肌肤暗沉、刺激胶原蛋白再生、抑制皮脂腺、间接改善粉刺与青春痘等
胶原蛋白与弹性蛋白

净肤激光

利用 1064nm 钕雅克激光的波长

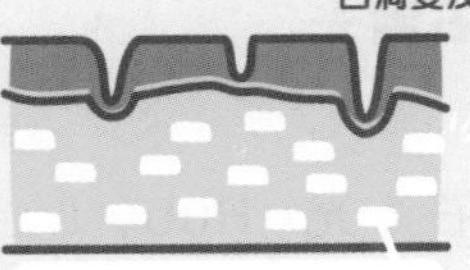

白瓷娃娃

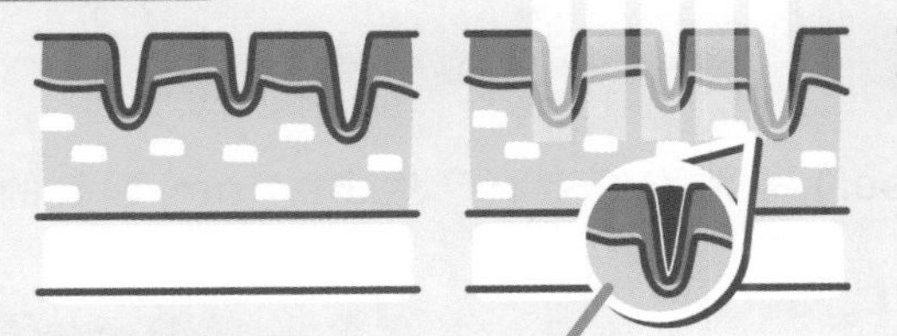

黑娃娃激光

以碳粉作为介质增加热吸收。碳粉会有吸入风险，但效果不一定比较好，因此现在很少用。

通过对黑色素选择性吸收，可以去除老化的角质，击碎黑色素进而淡化皮肤颜色，或去除色素斑。加热真皮层时可刺激胶原再生，达到改善粉刺与青春痘的功效。

小贴士

“碳粉激光”“黑娃娃激光”“柔肤激光”其实是同一种东西，为什么同一种东西会有这么多名字？这就要问厂商跟诊所了，大家都喜欢噱头嘛！跟你说“1064 nm 钕雅克激光加碳粉”你会来吗？因为 1064 nm 的激光对黑色素会选择性吸收，就有人想到在脸上抹些颗粒很细小的碳粉以为会加强效果，但实际上效果未必比较好，反而会有烫伤风险，而且吸入碳粉对肺部也不好。因此这种加碳粉的治疗方式，现在就比较少用了。

红宝石激光

红宝石激光 (Ruby Laser) 是激发红宝石产生 694 nm 波长的激光。

它在美白部分的应用比较少。主要原因是它虽然效果强，但反黑的机会也大。多数人打美白激光，只是想要白一点，副作用小当然是重要考量。红宝石激光对于表皮层与真皮层的“太田母斑”“颧骨母斑”“贝克氏母斑”这类的斑点有不错的效果，净肤激光反而效果不如红宝石激光。

紫翠玉激光

紫翠玉激光（Alexandrite Laser），又名亚历山大激光、光纤激光、日式光纤美白激光。

这是一种波长755 nm的激光，但不是紫色，而是一种红光激光。其波长跟红宝石激光有点接近，也可以用来处理表皮跟真皮的斑点。不过紫翠玉激光通常是用来“除毛”，目前研究指出，紫翠玉激光是除毛效率最高的方式——但有些人觉得比较痛啦！

另外，紫翠玉激光也可使用“长脉冲光”的形式，对于淡化黑色素有不错的效果。目前市面上的相关机种，多数是用“光纤”来传导激光，所以你在坊间所看到的“日式光纤激光”这类东西，应该就是长脉冲光的紫翠玉激光。

二极体激光

二极体激光通常波长在 810 nm 附近，医美所使用的二极体激光则多数落在 800 nm 到 980 nm 的波长区间。市面上常见的粉饼激光、纤白光、光纤除毛激光等等，大多数就是二极体激光。主要是针对美白、淡斑有效果。

你问我答

Q1：哪些人适合使用激光美白呢?

A1：基本上皮肤暗沉、有斑点或者是毛孔粗大等状况可适用。不

同种类的激光会有不同的效果，所以无法明确地说“哪些人适合使用激光美白”，而是要看状况选择激光种类。只要理解激光的效果、可能的副作用，并考量价钱等因素，多数人都可以使用激光美白。

Q2：哪些人不适合使用激光美白？

A2：孕妇，服用抗凝血剂（不易凝血）、光敏感药物的人，以及患有糖尿病（伤口不易愈合）或蟹足肿的人，都不建议使用激光美白。

Q3：进行激光美白前要做好什么准备？

A3：前三周开始，避免使用光敏感药物，也避免使用酸类进行换肤，不要使用物理性去角质，并且要注意防晒。主要目的都是要预防皮肤在接受激光前变得太脆弱，或者增加反黑的风险。

Q4：激光美白的疗程需要多久的时间？

A4：一般的全脸激光治疗，大概需要五到十分钟的时间。但是每个人要治疗的区域以及范围不同就会有所差异，何况还有些人怕痛，需要事先敷麻药、卸麻药，加上术后一些清洁的时间，因此通常要抓一小时的时间。

Q5：激光美白过程很痛吗？大概是什么感觉？

A5：每个机种的疼痛程度不一，每个人的忍痛能力也都不同。通常激光美白的疼痛程度不高，很多人可以不用麻药。最常听到的形容就是：像被橡皮筋轻轻弹在脸上的感觉。

Q6：激光美白后应该如何照护？

A6：一般激光美白治疗后会有类似轻微晒伤、轻微发热、皮肤发红的情形产生。如果同时又治疗一些斑，可能还会有一点轻微的出血。照护的方式依照治疗的程度不一，应该要请医师说明照护方式。有些人会需要术后使用一些药物，但并非每个人都要。术后要做好防晒跟保湿，防晒至少要使用SPF30以上的防晒产品。也可以多吃蔬果补足维生素C，加强淡化黑色素效果。含酒精饮料跟辛辣食物一个月内先别碰，泡温泉、洗桑拿、做剧烈运动这些很容易造成皮肤发红的事情也先避免。少数人可能在术后出现反黑的情形，多数状况会在半年内淡掉。如果半年后还未见改善，请跟你的医师联络。

Q7：激光美白多少天后会看得见效果？

A7：其实激光后并非“立即见效”，通常需要几天的恢复期。有些激光比较微弱，几乎没有恢复期，很快就可以感受到皮肤变得比较光滑。例如净肤激光或粉饼激光就主打术后可立刻上妆，其实就是打完没伤口，脸上细毛较少，就会比较好上妆。如果是去除斑点，极可能就会打到出血，恢复期自然会比较长一点。有关恢复期的问题，还有施打的程度，一定要在术前跟医师好好沟通喔！

Q8：激光美白每次治疗需要间隔多久？

A8：每个人的肤质以及治疗的程度不同，对此难有一定的标准。通常保守一点，会建议间隔一个月以上。如果诊所要你很频繁一个月打个两三次，就要小心这种诊所，基本上正规的医师是不会叫你这么干的，太过频繁施打，万一造成黑色素母细胞被打死而产生白斑，那就得不偿失。实际所需的治疗间隔，请跟你的医师好好沟通。

最后的最后要再提醒大家，激光真的是很棒的发明，但做好基础保养，好好防晒，好好保湿，才是最便宜最聪明的做法。如果你有很急迫的需求，例如两周后就要拍婚纱照，想要赶快美白，这时打激光可能是不错的选择。我们也不得不承认，直接用激光击碎黑色素真的是很爽、很诱人的做法，但是你一定要注意，要跟医师好好沟通，不要看到电视购物推销那种几堂激光多少钱就去乱打一通。别忘了，**医美的本质还是医学**，激光是一种治疗方式，**要治疗就要先有诊断。**你买了电视购物的商品，等于是在根本没诊断的状况，就先指定了治疗，你觉得你有机会得到最适合自己的治疗方式吗？这点值得大家一起好好思考啊！

1. 激光治疗不可太过频繁，能量也要控制，否则把黑色素母细胞打死了，反而会产生白斑。
2. 进行激光美白前要避免使用口服A酸或光敏感药物，也要避免使用酸类进行换肤，更不要使用物理性去角质，并且要注意防晒。
3. 激光是一种治疗方式，要治疗就要先有诊断，千万不可看到电视购物台推销的激光疗程就买来乱打一通。

MedPartner PROJECT

CHAPTER6

后记

两年赔掉三百万，
MedPartner想分享给读者
和内容创业者的血泪经验

各位MedPartner的朋友（或仇家？）大家好，我是MedPartner美的好朋友团队负责人medream。MedPartner成立满两年了，虽然实际算上筹备时间还更久，但姑且就以第一篇文章正式发布的日子算起，当作两周年的纪念吧。我想借此纪念并告诉读者、内容创业者关于我们的血泪经验。

在2017年开始内容的订阅集资后，我就一直在想也许可以每隔一段时间，把我们成功（或失败）的经验整理出来，让所有的读者，还有关注我们的朋友，或其他的内容创业者们可以吸取教训，一起见证这个团队的成长（或者是死亡）过程。

但实际忙起来真的是没日没夜，所以第一篇检讨报告直到现在才交给大家。要先声明的是，本文里面有许多辛酸血泪和负面能量，很多真心话如果伤到一些人，也请海涵。但如果可以对某些人产生帮助，写这篇就值得了。

两年赔掉三百万？照着这么做就可以了！

两年如何赔掉三百万？很多人可能会对这件事情感到好奇。事实上这一点都不难啊，如果把我自己减少看诊投入这项工作的损失算进去，就已经赔上超过六百万了。再如果没有三千多位朋友参与订阅计划，要赔上的金额就逼近千万了。

当初的我真的是好傻好天真。那时我想得很简单，反正就自己查文献、自己写文章，然后再贴点钱找设计师帮忙画图，以为这样应该就行了吧？但实际真的“撩下去”后遇到各种状况，再加上自己处女座的性格，才知道事情绝对不是我这个憨人所想的那么简单。

想算出所需花费的数字，就要先了解维持MedPartner这样规模、这种专业程度的独立媒体运作，需要多少成本。

要搞这么专业的独立媒体，至少需要一位全职医师、一位全职药师，加上一位全职营养师；再加上兼职的博士后研究员、硕士级研究员，还有化妆品配方师。除了上述专业医学人士，想要将专业的内容讲成人话，或用更低门槛的方式让更多人理解，我们还要再聘请平面设计师、动画师、插画师、企划、专案经理；要让网站运作更顺畅，附加更多的资料以及提供更快的查询服务，我们就需要两三位工程师。

这样加起来，一个月的人事支出就已经要五十万元，而且这个医师还是没领薪水的。其他各种云端服务、网络、水电、办公室租金、资料库租用……林林总总加起来，大概就需要六十万元。

而当时的订阅人数虽然有三千多人，每个月金额约在四十多万元，但扣除掉相关的金流成本、回馈品成本等必要成本，实际上能投入内容制作大概剩下三十多万元。不足的二十多万元，就是我必须自己贴钱补足的大洞（这些数字有时会因议题而有波动）。

有人可能会说："哎呀！某某健康媒体人家没有这些全职专家，不是做得很赚钱吗？"这样说听似成理，但如果没这些专家把关，你怎么知道网站上写的东西对不对？别人在文章底下挂"本专栏反映专家意见，不代表本社立场"就想要对内容正确与否不负责任，但我们不行啊！我们出来做事，不就是因为觉得现状是有问题的吗？如果还跟他们一样，干脆就不要做啦！

所以我学到的第一个教训就是：

如果你想认真做内容的话，很贵。如果你要做的是专业内容，超级贵。**千万不要低估做好独立媒体的成本。**要有完整的编制，一年六百万至一千万是基本起跳价。

既然要花这么多钱，我们为什么还要做？

为什么会想做这件事？事实上，我不是做这件事情的第一人，早在三十多年前，就有一群台大的前辈医师们做过了。他们当年开办了《健康世界杂志》，我曾经去图书馆翻过，因为真的都是专家自己写的，内容正确不消说，品质也很高。他们曾经轰轰烈烈做了很多年，只是后来不敌数位化浪潮，现在已经式微。

后来就是大家熟悉的网络医疗媒体的窜起，这些媒体就再也不用医师当总编辑或全职编辑了，顶多是把医师当成类似顾问的角色。这

类的媒体每一家都会说自己是以“民众的健康”为出发点，但实际上看了网站的内容常常是令人哭笑不得。每次病人来诊间，跟我讲一些“奇怪”的医学观念，一问是哪儿听来的，病人拿出手机，常常就是这些所谓的“健康网站”提供的错误资讯。

大量的错误资讯都是从类似的来源被生产出来，其中必定有结构性的问题。因此我的老毛病又犯了，我想要有系统地搞清楚为什么这个说要“促进民众健康”的结构，反而大量产生问题资讯?

仔细去看这些媒体的收入来源，几乎都是广告跟业配；再去检视他们的编辑团队，几乎找不到相关领域的专家；再翻阅其中的内容，如你也见到的，这些内容就是上述问题的总和。收了钱就要替厂商讲话，但没有真正的专家，当然没办法对有问题的内容把关。你觉得这样的内容到底最后是帮助了谁?

知晓了整个过程让我感到毛骨悚然，猛然想到先前听过的一句话：“在网络时代，你若不是顾客，你就是产品本身。”

这句话可能有点难懂，举个例子吧，脸书（Facebook）不跟你收钱，但他们把抓住你眼球的时间，还有你的使用记录和资料，当作产品卖给广告商。

搞懂了这点，你再想想，这些所谓的“医疗保健媒体”不跟你收钱，他们怎么过活? 不就是用耸动的标题骗你进来点阅，然后好一点的就通过广告，或是内容的置入，再糟一点的就是根本颠倒是非，或创造不必要需求的置入，来跟厂商收费——或者让你买单。

内容的制作就是要钱，谁付你钱，你就对谁负责。当民众不再付钱，民众自己就成了产品本身。

这是我在观察的过程中，学到的第二件事。

也因此我们从一开始就希望跟读者收费，或自己贴钱。向厂商收费不是不行，但如果收了钱却丢掉良心就不行。若是真要向厂商收费，就必须订定出明确的标准，让厂商无法影响编辑内容，并且从厂商收来的费用占比要够低，低到我们即使根本不拿它钱都不痛不痒。但这样做不容易，所以截至目前，我们还是没收厂商的钱。

有了读者后有很多变现模式，为什么要选做订阅？

莫名其妙把自己的肝脏和金钱烧了快一年后，MedPartner累积了一些读者，网站也有了一点流量。在2017年4月，为了让MedPartner能够长久运作下去，真的留下些什么给这个社会，我们必须取得收入才能养活这个团队。对此我必须说，“创业”这件事情一点都不浪漫，在真的开始前，我每天都可以琴棋书画诗酒花，但真的创业了之后，面对的就都是柴米油盐酱醋茶了。

要怎么取得收入，我不是专家，所以我去请教了很多专家。虽然很多前辈的意见后来没有采用，但这些意见都在我们思辨过程中发挥了重要的影响，在此我要对他们致上深深谢意。

媒体的变现模式，不外乎对广告主收费、向读者收费，或者是打造产品这几种模式。每种模式都各自有其优点和缺点。

对广告主收费的方式有：

- 网站广告露出
- 电子报广告露出
- Facebook广告露出
- 各种管道的内容置入

这些收入都合法，并没什么不可以。但我们觉得现行与健康相关媒体的问题，很大一部分来自收入的比例高度偏向广告主，导致这些媒体几乎成为广告主的发声筒，而不是真正健康知识的传播者。所以我们在思考后很任性地决定不走这条路，而踏上另一条壮烈的不归路（误）。

向读者收费的方式，举例来说有：

- 内容付费：付了钱才看得到东西。
- 实体活动：付费讲座之类……

- 书籍出版：就是卖书啦！
- 订阅集资：许多人一起付了钱，让所有人可以共同看到内容。

若是采用向读者收费，我们就只需要凭着专业跟良知，对读者负责就可以了。但跟读者收费的模式，在近年来不是好走的路。

像杂志一样，走内容付费，也就是付钱才能看，虽然也是可行的模式，但是我一直认为，我们今天可以有能力分享这些知识，奉献这些能力，都是来自家庭、学校、社会数十年来给我们的栽培。我们所分享的所有知识，也是许许多多科学家的研究成果，这些都不应该被少数人所独占。“知识该被用来分享，而非掠夺”是我们的理念，也是我们决定走“订阅集资”路线的主因。我们梦想着，从这些内容受益的孩子们，将来长大可以记得当初有人为他所做的，进而再付出更多给更多需要的人，那样真的会是最美好的事。

在订阅集资这条路上，有些人走得算是成功，不少Youtuber也都搞订阅，或者是办实体见面活动，做得有声有色。但坦白说，在我心目中，这些还是比较像“网红经济”，而不是我期待的“一群人一起付费产出好内容”。

我们研究过，如果走网红的订阅模式，平均每个订阅者的订阅金额可以来到每月三百多元甚至更高，但如果不搞网红式的订阅，比较像是端传媒、报道者，或者是MedPartner，以我们内部的数据可

以推知平均每位订阅者的订阅金额会在一百三十元左右。

所以你只要稍微敲个算盘，就会知道走网红路线，收入应该会增多不少，但这时候我的老毛病又犯了：我在想，过去快一年的时间，我们纠正了很多“网红”的错误言论——网红本身不是错，但是网红讲错了话就是错，如果是为了钱乱讲话更是错中之错。偏偏社会上有个奇妙的现象，就是人们未必相信真正的专家，但很相信自己喜欢的网红所说的话。

可是这样的逻辑有问题啊！大家看MedPartner的文章而相信我们的原因，不只是因为我们是医师、药师、营养师等专业人员组成的团队，更重要的是，我们讲的事情都有一定的证据，而且通常会附上文献让你查证。虽然我们知道根本没什么人会真的去查证，但这个举措想传达的正是：**不要全盘相信任何人，请相信科学证据。**

人都会犯错，即使是科学家也会。但科学家的优点是他们很乐意承认自己的错误。如果写错了，或者是日后的研究证明现在所讲的是错的，科学家会非常开心承认错误，并据以改正，同时对科学与文明又往前走了一步而感到欣慰。

但如果是网红，或各种程度的偶像，事情就不一样了。就我的观察，许多网红为了维持形象跟集体崇拜，往往不太愿意承认错误。现在民众很不相信媒体，倾向相信网红，但你可有想过如果网红讲的东西错了一堆该怎么办?

这就是为什么MedPartner网站有很多专家一起写文，但到目前为止，在想不出更好的机制前，我们都不倾向曝光或以个人名义宣传的原因。打造一个名人或网红比较容易，但是引领大家一起学习，从事实与证据中使用逻辑做出合理的推论，并且有系统地思考复杂的议题，相对要难上许多。这种精神却是学校最没有教、社会最缺乏，而我们最想推动的。

基于上面所说种种可能看似太过坚持的理想，在众多取得收入的方法中，我们选择了订阅集资，并且选择了其中更困难的“非网红”方向的集体创作模式。

在此要特别强调，我不是要批判“广告”是错的、“置入”是错的、“网红”是错的，这几件事情都“可以是对的”，但如果是“不实的广告”“误导的置入”，或者是“收了钱就乱讲的网红”，那就是错的了。

要做哪一种，都是价值的选择。选了某一条路，就要承担相关的好处跟缺点。我们选择订阅集资这条路，是因为我们想解决的问题很大一部分是由“不好的广告、置入和网红”造成的，所以我们才希望通过这个价值选择，引起更多的思考。

实际上在台湾还是有不错的媒体和网红，我们近期也正积极和一些优秀的网红接洽，希望通过彼此的交流，让他们在代言时，可以更小心注意自己传播的内容正确性，这也是我们传播正确知识的方法

之一。

如果你想做媒体，订阅集资是其中一种方式，但千万要想清楚，这是相对难走许多的路。如果你有网红特质，当网红会相对容易变现。**不管选择何者都没有绝对的对错或好坏，端看你的价值选择。**

这是我学到的第三件事。

路线的选择：多写保养就好，还是关心整个医疗保健？

“MedPartner一开始写的内容主要以医美、保养为主，为什么后来写了很多保健、营养、用药还有常见疾病这类的知识文呢？”

这真的是我们很常被问到的问题。大家会这么关心有其道理，我们也非常感谢提出问题的朋友对我们的关注。事实上，如果以媒体经营的角度来考量，议题应该是“越明确，越有利”。

媒体的变现能力，取决于读者是什么样的人，还有读者对你的黏着度。在Facebook以及各种演算法的机制上，关注的内容越明确，会越有演算法上的优势。而关注的内容越明确，也越容易被认定为是某个领域的专家，信任感可能会比较高。

关于这个问题，我们不是没有考虑过。只是在团队内部的讨论过程中，大概花了三秒钟，我们就决定要把关注的领域放大了。原因很简单，因为我们成立的初衷，就是想要解决医疗、保养、保健、瘦身……这些泛医疗领域错误资讯太多的问题。

策略上，我们确实可以先经营某个领域，取得资源之后，再另外关注其他领域。但偏偏每次一有错得离谱的事情发生，我们就受不了，无法置之不理，加上团队成员本来就包含医师、药师、营养师、化妆品配方师、化学博士等，上述那些领域也都在我们的专长范围内。

当然，我们在其他媒体经营者眼中的“荒谬”也不是只有这桩啦，不管是直接对其他媒体开炮，或者是对环保与人权等议题明确表态，应该也是惊世骇俗、冒传统之大不韪。但没办法啊，医疗人员关心民众的健康，怎么可能不关心其所处的环境？环保做得很烂、国家忽略人权，民众怎么可能得到生理和心理上的健康？**因为觉得该做，所以我们就做了。**大概是这样。

但必须说，这些只是我们基于理想的选择。

如果有其他人想做类似的独立媒体，我会真心建议议题越明确越好，不然会把战线拉很长，资源得砸得多很多，取得回报的机会却可能反而降低。请千万要三思而后行。

即时还是深入？如何选择题材？

要即时报道，还是深入报道？我听说过有些媒体会要求所属记者一天得发上八至十则即时新闻，但光想想就觉得这要求实在太扯了，一天也才几小时工作时间，都不要算从各个现场移动的交通时间，每则新闻只有不到一小时可以处理，能做出什么样的新闻？这也是大家现在看到许多媒体报道乱下标、不查证、不做进一步追踪的主因之一。

我们观察后发现在医疗保健领域中，其实根本“不缺资讯”，缺的是“正确、优质”的资讯。因为有利可图，厂商跟媒体很乐于释放各种“看似资讯的广告”给民众，但正确性常常都令人存疑。

因此一开始我们就决定，除了“疫情”和“食品安全”相关的议题必须快速让民众知道并掌握，可能需要即时分析以外，其他主题的内容都要做深、做好，通过更多的编辑跟图片、影像的设计，让正确的资讯真正去帮助需要它的人。

某流行病突然在台湾爆发，或者是某厂商产品使用了违法的成分，你会需要快点知道以避免受害。但是某英国研究成果或者是某日本医学博士今天又讲了什么，你会急着在今天就必须知道吗？过几天，等我们查阅相关文献仔细研究后，再告诉你那些讯息是否可以相信，这样不是比较好吗？

但这样一来，其实是某种程度违反了市场上的主流，那些先发布的“错误资讯”可能已先抢占了很多人的眼球，等我们查证完再发布的“正确资讯”反而点阅率往往不如前述媒体了。我们常对这种情况感到无奈，但只能坚持下去。反正能多帮助一个人是一个，无缘的话，我们至少也尽力了。

我们所选择的题材，其实非常感谢许多医疗同业还有读者提供的问题。这一年来写了不少关于保健食品的议题，就是因为在医学院的教育中，不管你是医师或营养师，对于保健食品都只是粗略认识，其成分到底有什么好处（或缺点）、民众可以期待什么效果（或不该期待什么效果），其实并不算真正了解。所以MedPartner所做的事，有点像是帮所有的医师、药师、营养师读文献，然后整理出一份份资料，让医师、药师、营养师在遇到民众问起相关问题时，可以更有信心回答。

当然我心里想的更是：这些资料可以用来驳斥那些只想赚钱者的谬论啦！

赔这么多钱，我们到底是公司还是非营利组织？

这也是我们多次被问到的问题。很多人看我们赔很多钱，都会想建议我们干脆转型非营利组织(NPO)就好了。其实当初我对此也思考了很久。

到底什么是营利组织？什么是非营利组织？当然这有很深入的学术和实务上的定义，在这边我就不班门弄斧。举凡成立组织都会有一个重要的目的，就是要让组织能够“长久经营”，并且“持续发挥存在的价值”。不管怎样，取得足够的资源，都是重要的事。

非营利组织一样要取得收入，只是它的核心价值不只是营利，而是更在乎能发挥什么价值。不管是接受捐款，或是提供服务，或是销售商品，如果你仔细检视，就会发现许多非营利组织其实有很多部分近似营利组织。

因此，最接近我理想中的组织架构，应该是类似“社会企业”的概念。通过解决社会问题，取得合理的收入，并且把服务好客户、照顾好员工、回馈给社会等价值理念，当成组织的最核心目标——这也是当初选择用公司来经营的理由。

当然除了上面所说的理想外，也有其他理由啦。例如：搞社团法人要开很多会，要成立基金会就要先丢上千万给政府，……，这些都让我们这种需要高度弹性的组织绑手绑脚。相对地，公司的形式就可以节省很多行政成本。

另外还有两个我们决定不走NPO的原因：

1. 我们不是弱势。医师、药师、营养师都是专业人士，专业本身就可以取得还不错的收入。我们希望这些专业可以为社会创造出更多价值。

2. 虽然订阅集资感觉起来有捐赠的意味，但它还是订阅行为，我们也为此提供对应的知识服务。我们希望让更多人知道，你所看到的优质内容，并“不是真的免费”，而是“有人帮你买单”了。这有点像是“待用面”的概念，由有心的人出钱，分享给其他需要的人，让善卷动更多的善。

如果有朋友想要经营类似具有高度公益性质的内容媒体，我还是会建议采用社会企业的概念，以公司的方式经营。成立NPO，真的是相对复杂也麻烦。网络世界的工作千变万化，能够节省越多不必要的心思越好。现在MedPartner团队正职已经来到十人的规模了，我们也在持续寻找更多有效率的协作方式，希望把繁琐的事务降低，把更多能力聚焦在想关注的议题上。

要烧这么多钱，我们打算如何继续做下去?

这个问题超棒，也是我们每天在问自己的问题！“钱”看起来很俗气，但钱却也是我们追求理想的过程中重要的燃料。如果没有它，我们就不可能聘请十位人才，用全职的心力去持续提供、追查许多民众需要的资讯了。

如何取得收入?

收入只来自订阅，确实是我们面临的一大问题。但我们太清楚谁给你钱，你就会受谁影响。两年来，虽然我们从不主动去寻找，但其实有很多取得资源的机会，包括有人出新台币八位数要入股、有人想付钱要我们“不要”写某篇文章，甚至还有厂商提出每个月付若干钱，希望跟我们“保持沟通”，要我们之后下笔之前可以跟他们沟通一下……。但我们对这些做法都无法接受。什么是我们比较可接受的方式呢?

1. 政府的医疗卫教资讯宣导：如果政府的各级单位愿意付费合作的话，我们很乐意协助宣传各种正确的资讯。
2. 低相关产业的内容赞助：例如保险业、金融业、建筑业等跟我们比较无关的产业，若愿意在不干涉内容编辑的状况下赞助内容制作的话，便是不错的合作对象。

当然最重要的，还是民众的订阅支持。因为即使有上述两种内容赞助加入，我们还是希望占比可以控制在三分之一以下，这样我们才不会因此被掐住脖子讲不了真话。

如何扩大影响?

除了开源以外，如何扩大影响力，也是我们努力想做的事。接下来我们会：

1. 免费授权内容给教育机构：让老师们可以利用这些图

文，训练学生的科学能力与逻辑能力。

2. 免费授权内容给医疗人员：让医疗同业可以通过这些图文，降低卫教所需的时间，也改善医病关系。
3. 免费举办给网红的讲座：各类网红的影响力越来越大，希望通过正确知识的建立，更有效减少错误资讯被传播出去的机会。毕竟与其事后打脸，不如事前预防。

促进产业正面发展

有些人会认为MedPartner是“品牌杀手”，事实是这些品牌都是自己杀死自己的！产品有什么功效没什么功效、有添加什么没添加什么，都是要让民众知道的事。如果利用资讯落差，让民众买单却没有得到应得的东西，那就真的很糟糕。

除了继续监督、打脸一些劣质厂商以外，接下来我们也计划要更积极协助有心的厂商和专家开发产品，让认同我们理念和坚持的厂商和专家们可以通过我们所提供的专业和技术，开发出真的安全、有效、性价比合理，并对整个社会有利的产品，用正面的商业力量和不良厂商竞争。（在此要呼吁读者加入我们的FB社团“美的好朋友共玩研发后勤中心”。）

这条路大概也会很难走。但我们衷心期待可以找到一群有心的人，一起完成这些工作，为台湾留下更多正面的影响。

两年多了，自己的心内话

最后，也是我最深的忧虑，就是资源不足的问题。两年多来自己一直贴钱，花上几乎所有的时间，甚至影响了健康，无非是希望有一天这个团队可以在“没有我”的状况下，继续运作下去，甚至是更加茁壮，发挥更大、更长远的价值。

很多朋友安慰我，觉得我已经尽力了，不需要苛求自己。但是眼前“资源不足”这个问题还是没有解决，这就是身为负责人的我最大的失职。我可能是还行的医师，但应该是不及格的商人。只是整个产业会变成现在这样，终究是复杂的经济问题，需要用经济的角度解决，光靠医学是不够的。

这些日子里，我不断探寻有能力、有资源的人加入这项工作，但很可惜，这毕竟是太浪漫的梦想。我能这么干，其实是我太幸运，因为我是一个没老婆没小孩的医师，有比一般人好的收入，才有办法烧钱买梦想，但对多数人来说，这样做实在太奢侈了。

说真的，我当然可以继续奉献自己的时间和金钱，但现在团队有了十位伙伴，我不能让他们处于有风险的状况。一旦我因为挡了这么多人财路，有什么三长两短，这个团队可能就经营不下去了。若是这样的情况，我一定会很不甘心，这个团队、还有一直支持我们的许多朋友们的努力，最终没能留下些什么给这个社会，该怎么办！

但再多担心也没有用，我相信“如果你全心全意要完成一件事情，全世界都会联合起来帮助你”。这么长久的坚持，一定会改变些什么的。

前几天，有朋友看了我的状况，问我：“如果早知道会赔到这么多金钱，花这么多时间，你还会愿意做这件事吗？”

说真的，如果单纯看金钱跟时间的付出，真的太不划算了，有机会重来我真的会不想干。但这一切终究不只是时间和金钱而已，每次疲惫的时候，我回顾这两年来和许多支持者一起完成的事情，再看看团队的伙伴，我就觉得——嗯，可以让我再死一次没问题的！

呼，我这样一个人，我们这样一个团队，能活到现在，真是万幸！**讨厌我们的人，不好意思，暂时让你们失望了**，我们还真的撑过两年了。虽然我也不知道还能撑多久、最后能完成多少工作，但这些梦想，就是我们的倔强。我们不怕千万人阻挡，只怕自己投降！

能够看到这里的读者，真的很不简单。你的阅读能力应该已经超过台湾九成以上的人了（笑），如果你也认同我们的梦想，认同我们的工作，请给我们一些支持吧！无论是直接加入订阅计划，或是加入工作团队，或是帮忙我们分享更多知识出去，我们都非常感谢。台湾缺的不是抱怨，是行动。接下来的路，我们继续一起走吧！

豫著许可备字-2019-A-0129

项目合作：锐拓传媒copyright@rightol.com

图书在版编目（CIP）数据

自己的肌肤自己救：最科学的保养知识全图解 /MedPartner美的好朋友医疗团队著. 一 郑州 ：河南科学技术出版社，2020.9

ISBN 978-7-5349-9815-7

Ⅰ. ①自… Ⅱ. ①M… Ⅲ. ①皮肤－护理－基本知识 Ⅳ. ①TS974.11

中国版本图书馆CIP数据核字(2020)第028203号

出版发行：河南科学技术出版社

地址：郑州市郑东新区祥盛街27号

邮编：450016

电话：（0371）65737028

网址：www.hnstp.cn

责任编辑：冯 英

责任校对：余大荣

封面设计：张 伟 李 霓

责任印制：朱 飞

印 刷：河南博雅彩印有限公司

经 销：全国新华书店

开 本：720mm×1020mm 1/16

印 张：15.5

字 数：170千字

版 次：2020年9月第1版

2020年9月第1次印刷

定 价：88.00元

如发现印、装质量问题，影响阅读，请与出版社联系。

保养是科学，不是仪式！

肤自己救
知识全图解

MedPartne

MedPartner PRO

自己的肌肤自己救
最科学的保养知识全图解

MedPartner

MedPartner PROJECT

自己的肌肤自己救
最科学的保养知识全图解

MedPartner PROJECT

MedPartner PROJECT

己的肌肤自己救
最科学的保养知识全图解

自己的肌肤自己救
最科学的保养知识全图解

Me

MedPartner PROJECT

自己的肌肤自己救
最科学的保养知识全图解

自己救
知识全图解

MedPartner PROJECT

MedPartner

自己的肌肤自己救
最科学的保养知识全图解

自己的肌肤自己救
最科学的保养知识全图解

MedPartner PROJECT

自己的肌肤自己救
最科学的保养知识全图解

己的肌肤自己救
科学的保养知识全图解

MedPartner PROJECT

Med

自己的肌肤自己救
最科学的保养知识全图解

自己的肌肤自己救
最科学的保养知识全图解

T

MedPartner PROJECT

自己的肌肤自
最科学的保养知识

自己的肌肤自己救
最科学的保养知识全图解

MedPartner PROJECT

自己的肌肤自己救
最科学的保养知识全图解

自己的肌肤自己救
最科学的保养知识全图解

r PROJECT

MedPartner PROJECT

自己
最科

肤自己救